河南省重点研发与推广专项(科技攻关)项目(202102310221)资助
河南省高等学校重点科研项目(19B620001、20A620004)资助
河南理工大学博士基金项目(B2016-05)资助

基于 GIS 的煤矿瓦斯地质信息化数学建模与实现

王　蔚　郭明功　王筱超　著

中国矿业大学出版社

·徐州·

内 容 提 要

本书将煤矿瓦斯地质理论与信息化技术相结合,系统研究了煤矿瓦斯地质信息化及其相关技术,提出了瓦斯涌出量数据筛选方法和预测模型,开发了基于GIS的煤矿瓦斯地质信息系统,实现了煤矿瓦斯地质的信息集成与应用、瓦斯地质图的自动编制和工作面瓦斯涌出量的预测预警。

本书可供相关专业的研究人员借鉴、参考,也可供广大教师教学和学生学习使用。

图书在版编目(C I P)数据

基于 GIS 的煤矿瓦斯地质信息化数学建模与实现/王蔚,郭明功,王筱超著. —徐州:中国矿业大学出版社,2021.10

ISBN 978 - 7 - 5646 - 5189 - 3

Ⅰ.①基… Ⅱ.①王…②郭…③王… Ⅲ.①地理信息系统—应用—瓦斯煤层—地质学—数学模型—研究 Ⅳ.①TD712-39

中国版本图书馆 CIP 数据核字(2021)第 216226 号

书　　名	基于 GIS 的煤矿瓦斯地质信息化数学建模与实现
著　　者	王　蔚　郭明功　王筱超
责任编辑	何晓明
出版发行	中国矿业大学出版社有限责任公司
	(江苏省徐州市解放南路　邮编 221008)
营销热线	(0516)83884103　83885105
出版服务	(0516)83995789　83884920
网　　址	http://www.cumtp.com　E-mail:cumtpvip@cumtp.com
印　　刷	苏州市古得堡数码印刷有限公司
开　　本	787 mm×1092 mm　1/16　印张 9.75　字数 185 千字
版次印次	2021 年 10 月第 1 版　2021 年 10 月第 1 次印刷
定　　价	45.00 元

(图书出现印装质量问题,本社负责调换)

前　言

　　瓦斯灾害防治是煤矿安全生产工作的重点,瓦斯地质研究是治理瓦斯灾害的有效途径,越来越受到监管行业、煤矿企业和科技工作者的重视。瓦斯地质的综合学科属性和独特性决定了至今煤矿还没有一个部门来统一管理瓦斯地质信息,造成信息分布分散、更新不及时、管理混乱等问题,导致瓦斯地质信息化在数字矿山建设中的滞后。地理信息系统(Geographic Information System,GIS)是结合计算机软硬件对地理空间数据进行采集、储存、管理、运算、分析、显示和描述的技术系统,是研究空间信息理论和技术的一门新兴交叉学科。本书将煤矿瓦斯地质理论与信息化技术相结合,系统研究了煤矿瓦斯地质信息化及其相关技术,提出了瓦斯涌出量数据筛选方法和预测模型,开发了基于GIS的煤矿瓦斯地质信息系统,实现了煤矿瓦斯地质的信息集成与应用、瓦斯地质图的自动编制和工作面瓦斯涌出量的预测预警。

　　本书共分为7章。第1章研究了国内外GIS在矿山应用方面的现状以及存在的问题,介绍了本书的主要研究内容;第2章运用地理信息系统的原理和方法,进行了系统平台架构设计、系统功能结构分析及系统开发的关键技术研究;第3章研究目标区瓦斯地质规律,是划分瓦斯地质单元、建立瓦斯预测数学模型和数据管理的基础,运用瓦斯赋存构造逐级控制理论研究了目标矿区(平顶山矿区)、矿井(平煤十二矿)瓦斯地质规律,揭示瓦斯赋存主控因素,建立瓦斯预测数学模型,为系统实现矿井瓦斯地质图编制子系统提供理论和技术支持;第4章利用煤矿基础空间数据融合、矿井生产信息的动态更新、综合协调管理与共享协作探讨了煤矿基础空间数据融合技术;第5章研究瓦斯涌出量数据筛选方法,建立瓦斯涌出量数据筛选数学模型,实现瓦斯涌出量数据的自动筛选;第 6 章以目标矿井为实例介绍了开发的基于 GIS 的煤矿瓦斯地质信息化的实现。

在本书的编写过程中,研究生高卫国、卫彦昭、冯想等协助完成实验和数据整理工作,平顶山天安煤业股份有限公司八矿总工程师郭明功在现场实施方面做了大量的工作。全书由王蔚统一审核、定稿。

本书得到了河南省重点研发与推广专项(科技攻关)项目(202102310221)、河南省高等学校重点科研项目(19B620001、20A620004)、河南理工大学博士基金项目(B2016-05)的资助,在此致以最诚挚的谢意! 同时也对上述研究生的辛勤工作表示感谢!

由于水平有限,书中难免有不足之处,恳请读者批评指正。

著　者

2021 年 3 月

目　录

第1章 绪 论

1.1 选题背景

我国是煤炭资源大国,2020年原煤产量高达38.4亿t[1]。我国"多煤、少油、缺气"的能源现状决定了在未来相当长的时间内,煤炭仍将在我国能源消费中占主体地位,如图1-1所示。中国工程院院士康红普表示,我国煤炭资源的可靠性,决定了其在我国能源体系中的主体地位[2]。作为我国储量最丰富的化石能源品种,煤炭占我国已探明化石能源资源总量的97%左右,按照当前规模仍可开发100年以上。因此,在今后相当长的一段时间内煤炭仍将在我国能源生产和消费中占据主导地位。

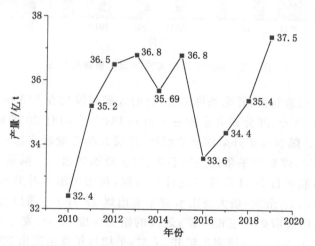

图 1-1 2010—2020 年中国煤炭产量

我国是煤矿灾害比较严重的国家之一,煤矿灾害屡屡发生,给国家形象、煤炭工业发展及矿工的人身安全带来了极大的危害。随着科技进步及安全管理的加强,煤矿安全生产形势有了很大的好转。2019年,全国煤矿共发生133起事故,造成 299 人死亡,百万吨死亡率降到 0.08,如图 1-2 所示。2019 年,瓦斯事故共发生 27 起、死亡 118 人,死亡人数最多,占全国煤矿事故死亡总人数的 37.3%;较大以上瓦斯事故 14 起、死亡 99 人,分别占全国煤矿较大以上事故起数和死亡人数的 56% 和 63.1%,煤矿瓦斯防治形势依然严峻[3]。

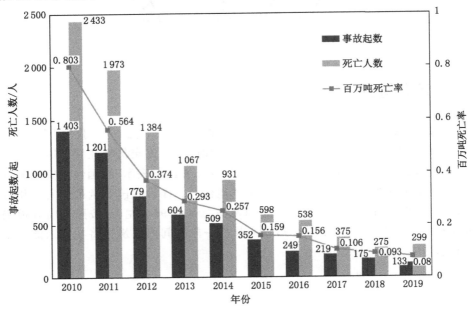

图 1-2　2010—2019 年全国煤矿事故统计图

我国煤矿构造复杂,开采条件恶劣,目前煤矿采深均在 540 m 以深,且采深每年增加 10～15 m;部分矿井采深在 800 m 以深,全国有 20 多对矿井采深在 1 000 m 以深。随着煤矿开采深度的增加,煤层瓦斯含量越来越大,煤与瓦斯突出矿井年增 3%,煤矿开采条件更加恶劣,灾害更加频繁[4]。据第二次全国煤矿瓦斯地质图编制项目 2011 年年底统计的数据,我国突出矿井共有 1 044 对,突出总次数达 16 740 余次;最大突出事故中突出煤 12 780 t,涌出瓦斯 1 400 000 m³,发生在四川天府矿区三汇一矿;最浅的始突深度 30 m,发生在湖南省团结煤矿;近 20 年平均每年新增突出矿井 37 对,平均每年发生突出 280 余次[5]。

煤层瓦斯的主要成分是甲烷,甲烷是一种温室气体,其温室效应是 CO_2 的 20～24 倍。据统计,2020 年全球甲烷排放约 5.7 亿 t,其中煤炭行业总排放量为 4 000 万 t[6]。我国每年甲烷排放量占全球甲烷排放量的 20% 左右,对环境危害极大[7]。

因此,无论从保障煤矿安全生产的角度还是从环境保护的角度出发,煤矿瓦斯灾害治理始终是煤矿安全生产及环境治理的重点,煤矿瓦斯灾害防治工作任重而道远。

为有效治理瓦斯灾害,编制瓦斯地质图必不可少。矿井设计、开采、瓦斯抽采设计等工作无不以瓦斯地质图为基础;编制矿井瓦斯地质图已经写入《煤矿安全规程》和《防治煤与瓦斯突出细则》[8-9]。

21世纪是信息的时代。为了抢占先机,世界各国纷纷加大了在信息化方面的投入,以加速国家信息化发展水平[10-11]。我国也将信息化的发展作为一项重要的国家发展战略。党的十八大明确提出,要通过"推进信息网络技术广泛运用,坚持走中国特色新型工业化、信息化、城镇化、农业现代化道路,推动信息化和工业化深度融合,促进工业化、信息化、城镇化、农业现代化同步发展",实现"信息化水平大幅提升"的目标[12]。十九大报告中网络强国战略、数字中国、智慧社会再次被提及,充分表明国家对信息化发展的重视,也表明信息化在国家发展、建设中的重要地位[13]。

煤炭是我国工业的支柱,是保证国家经济健康发展的基础,煤矿的信息化建设是国家信息化建设的重要组成部分。近年来,我国煤矿信息化建设得到了迅速发展,但是由于我国信息化整体发展水平的不均衡,煤矿信息化水平仍处于起步阶段[14]。煤矿信息化的建设目标是:利用信息化技术,开发从安全监测到运销信息化管理系统在内的整个矿业活动全过程的信息化系统,用信息化改造我国煤矿"粗放式"的经营方式,提升我国煤矿现代化技术水平[15]。

本书在研究瓦斯地质图的基础上,根据煤矿生产和监测数据,实现其自动快速补充、更新和管理使用,最终建立瓦斯地质信息系统,实现瓦斯地质信息的科学管理、动态更新。瓦斯地质信息化是进行煤矿瓦斯地质研究的一个重要方面,实现瓦斯地质信息化不仅是煤矿发展的要求,也是数字矿山与智慧矿山的重要组成部分,对于促进瓦斯地质学科发展和保障煤矿安全生产有着重要的理论和现实意义。

1.2 瓦斯地质研究现状

1.2.1 国外研究现状

国外对瓦斯地质的研究工作始于1914年,并取得了许多重要的成果。20世纪初期,法国学者以地质构造手段研究瓦斯赋存和突出规律;20世纪50年代,苏联开始进行瓦斯地质方面的研究,指出瓦斯赋存受地质条件控制,具有分布不均匀的特点,与构造复杂程度、围岩性质等有直接关系[16-17]。

McKee 等[18]研究了应力对瓦斯渗流的影响。Gawuga[19]研究了石炭-二叠纪瓦斯在应力作用下的情况。Frodsham 等[20]认为煤层变形的主导力量是脆性破坏,增强型的破裂往往发生在微小裂隙已经存在的地方。Li 等[21-22]为了阐明构造应力的影响,进行了一系列的压汞实验,相比于正常煤,剪切作用下的煤具有 3~8 倍孔隙度和 2~10 倍及以上的比表面积,构造煤与正常煤相比,可以保存更多瓦斯。Shepherd 等[23]研究了突出与地质构造的关系。Enever 等[24]研究了煤层中有效应力与渗透率的关系。扎比盖洛[25]对顿巴斯煤层突出的地质条件研究表明,突出的分布受地质因素控制,具有不均匀分布的规律,突出与构造复杂程度、煤层围岩性质、变质程度有关,并提出了确定煤层突出危险性的地质指标。Shepherd 等[26]对地质构造和煤与瓦斯突出分布的关系做了广泛的研究,对发生突出点的构造性质及影响突出的原因进行了深入的探讨。Josien 等[27]认为突出必须满足的三个条件之一是有结构变形或地质构造引起的非正常地应力。Creedy[28]提出在煤系中地质构造对瓦斯的赋存状态和分布情况的影响起主导作用,建议加强地质构造的演化与瓦斯地质规律的研究。Lama 等[29]将煤矿中的动力现象分为四类:① 低应力+低瓦斯,指地质构造和软煤发育情况下的突出;② 高应力+低瓦斯,指应力控制下的突出,不一定有明显的构造出现;③ 低应力+高瓦斯,指火成岩墙和压剪构造下的突出;④ 高应力+高瓦斯,发生类似"香槟瓶"效应的突出。Bibler 等[30]在研究全球范围的瓦斯涌出现象时指出,矿区构造运动不仅影响煤层瓦斯的生成条件,而且影响瓦斯的保存条件。Frodsham 等[31]认为地质构造对煤层的影响是在构造挤压、剪切作用下煤层结构遭受破坏,形成发育广泛的构造煤,为瓦斯的富集提供了载体。

1.2.2　国内研究现状

我国在瓦斯地质方面的研究比较广泛和系统。20 世纪 60 年代,煤科总院抚顺分院就开始了瓦斯赋存地质条件的研究。周世宁等[32]提出了影响煤层原始瓦斯含量的八项主要因素,其中主要为地质因素。焦作矿业学院杨力生在焦作矿务局焦西矿跟踪掘进巷道瓦斯变化规律时发现,瓦斯突出与断层有密切关系[33]。中国矿业学院瓦斯组在《煤和瓦斯突出的防治》一书中对影响瓦斯突出的地质因素进行了分析[34]。20 世纪 80 年代,焦作矿业学院瓦斯地质编图组发现瓦斯突出与断层有密切关系,开创了瓦斯地质学,为瓦斯涌出预测提供了新思路。

20 世纪 80 年代以来,地质构造对煤与瓦斯突出的控制作用及构造煤形成与发育特征受到广泛关注,瓦斯地质发展研究的广度和深度均大于以前[35]。1977—1982 年,彭立世和袁崇孚承担并完成了我国第一个瓦斯地质课题"湘、赣、豫煤和瓦斯突出带地质构造特征",调研了 12 个矿区 61 对突出矿井,分析了影响煤与瓦斯突出的地质因素,提出了"地质条件控制瓦斯突出分区分带"的观点[36]。1983 年,由煤炭工业部下发文件《关于加强瓦斯地质工作的通知》,进一步确定了瓦斯地质研究工作的意义,把"全国瓦斯地质图编制"列为煤炭工业部重点攻关项目[37]。该项目历时 8 年,全国 25 个省(区)126 个矿务局参与了项目,系统整理了全国瓦斯地质资料,编制了 322 套矿井瓦斯地质图、125 套矿区瓦斯地质图和 25 套省区瓦斯地质图,张祖银和张子敏依此为基础编制了 1∶200万全国煤矿瓦斯地质图[38]。1990 年,彭立世、袁崇孚、张子戌共同编著了我国第一部瓦斯地质学术著作《瓦斯地质概论》,标志着瓦斯地质研究理论体系已经初步形成。曹运兴等[39-40]认为顺煤层断层有利于形成较厚的构造煤,瓦斯吸附量增大、瓦斯富集,是煤与瓦斯突出的高发区。康继武等[41]指出构造煤的类型及其分布是不同构造群落的叠加与复合作用共同导致的。曹运兴等[42-51]分别从构造煤的煤岩学特征、构造煤结构及形成机理等方面分析其对煤与瓦斯突出的影响。张子敏等[52-54]在研究全国煤层瓦斯分布特征的基础上提出了发生煤与瓦斯突出灾害的 4 种敏感地带。刘咸卫等[55]指出突出主要发生在正断层上盘的主要原因是正断层上盘是下降盘,在下降过程中煤体受到挤压形成了构造煤。琚宜文等[56-57]指出复杂地质条件下煤层受层间滑动作用容易发生流变,煤层流变引起的厚度变化和煤体结构的破坏是造成煤与瓦斯突出的主要因素。王生全等[58]认为煤层瓦斯含量、构造煤及构造应力集中是影响韩城矿区瓦斯突出的主控因素。韩军等[59-61]分别研究了向斜构造、构造凹地及推覆构造对瓦斯突出的控制作用。

随着瓦斯地质科学的不断发展,瓦斯地质领域连续承担"七五""八五""九五""十五""十一五""十二五"国家重大攻关项目和"973""863"项目,使瓦斯地质学科理论不断发展和完善。2007 年,经国家安全生产监督管理总局批准,河南理工大学瓦斯地质研究所编制了矿区、矿井和工作面三级瓦斯地质图编制规范[62-63]。2009 年 4 月,国家能源局下发《关于组织开展全国煤矿瓦斯地质图编制工作的通知》(国能煤炭〔2009〕117 号),开始了第二轮的全国煤矿瓦斯地质图编制工作。全国共完成 1∶250 万中国煤矿瓦斯地质图、22 个省(区、市)煤矿瓦斯地质图、173 个矿区瓦斯地质图、2 792 对矿井瓦斯地质图,为全国煤矿瓦斯灾害防治和瓦斯(煤层气)抽采提供了科学依据。河南理工大学张子敏等[64]依据板块构造理论、区域地质演化理论提出了瓦斯赋存构造逐级控制理论,并提出了瓦斯赋存区域地质构造控制规律的 10 种类型,将中国瓦斯赋存划分为 29 个分区,为更深入揭示中国煤矿瓦斯赋存分布机理及瓦斯突出机理奠定了基础。张子敏主持的"中国煤矿瓦斯地质规律与应用研究"获得了 2011 年度国家科技进步二等奖,极大地推动了瓦斯地质科学的发展。

1.3 矿山信息化研究现状

信息化是人类社会发展到一定阶段所产生的一个新概念,它是在计算机技术、数字通信技术等先进技术基础上产生的。信息化可以极大地提高人们各种行为的效率,并推动人类社会的进步和创新。

1.3.1 国外研究现状

自 20 世纪 70 年代开始,发达国家就开始了计算机在矿山方面的应用研究,研制了一些矿山信息管理系统,如加拿大的 TMMS 系统、英国的 MINOS 系统和澳大利亚的 MIS 系统等[65]。

20 世纪 90 年代以后,信息化系统在矿山领域得到了广泛的应用[66-68]。随着信息化系统在矿山领域的不断推广,许多专家学者开始关注信息化系统建设过程中遇到的问题,以及信息化在矿山经营管理方面的研究[69-73]。此后人们开始将集成技术应用在矿山信息领域[74]。

目前,许多国外公司已经研制开发了很多商业的矿山软件系统,并进行了广泛的应用。这些软件的功能不尽相同,涉及地质信息处理、矿山设计、矿山生产管理、三维可视化以及地测和通风系统等矿山安全生产的方方面面[75-83]。

1.3.2 国内研究现状

我国矿山信息化的研究与应用比国外稍晚。20 世纪 80 年代开始,国内的科研院校和矿山开始进行矿山信息化方面的探索。20 世纪 90 年代开始,我国矿山信息化进程加快,一些矿山陆续引进了国外的信息化系统或独立开发了相应的信息化系统。由于引进和自主开发的系统没有考虑信息共享问题,因此造成各个系统之间形成了"信息孤岛"。为了解决信息孤岛现象,实现信息的集中和共享,我国开始研究涵盖整个矿山的综合自动化系统[84-85]。进入 21 世纪后,国家越来越重视安全生产,加强了监测监控系统和矿井综合自动化系统方面的投入[86-87],矿山信息化平台受到越来越多的重视。

自美国前副总统戈尔于 1998 年提出"数字地球"概念后,众多科研机构和学者相应提出了"数字矿山"[88-91]的概念。吴立新等[92-95]对数字矿山的概念、建设目标、意义和实现途径进行了阐述,指出数字矿山是对真实矿山整体及其相关现象的统一认识与数字化再现,是数字中国的一个重要组成部分。王李管等[96]研发了有自主知识产权的 DIMINE 数字矿山软件平台,并提出了数字矿山整体实施方案及关键技术。王青等[97]指出数字矿山的功能内涵必须从对矿山数据的存储、传输和表述向更深层次延展,包括各个层次更实质性的应用,特别是作用于生产过程的直接应用。卢新明等[98]描述了数字矿山的新理念、主要内容、建设规范、研究进展和应用情况以及数字化矿山需要用到的关键技术——真三维地质建模、精细储量评价、专业建模和专业分析、采矿协同设计与可视化、事故仿真和灾害预警、生产计划自动编制、虚拟矿山与实时三维调度等。僧德文等[99]认为数字矿山的框架应分为数据层、模型层、模拟与优化层、设计层、执行与控制层、管理层和决策层等 7 个主层次,分别研究了数字矿山的定义、实施步骤、建设框架、内容和内涵等方面的问题。王运敏[100]阐述了"十五"期间数字矿山取得的成果,并提出"十一五"数字矿山建设应包含 4 个模块:① 矿山数字地质、矿床模型,包括数字地质模型子系统和数字矿床模型子系统;② 虚拟条件下矿山模拟开采技术;③ 矿山生产过程管控一体化;④ 经营决策系统。以上学者的研究成果为我国数字矿山的建设指明了研究的方向,奠定了理论基础。

谭得健等[101]认为数字矿山、信息化矿山、自动化矿山是煤矿今后发展的方向,提出了煤矿信息集成的 7 个方面及信息化矿山的结构体系。张申等[102-103]指出数字矿山与矿山综合自动化从整体概念到实现目标是一致的,提出数字矿山建设应以统一传输网络平台和统一数据仓库平台为基础,因这两大基础平台是跨专业的,各专业均应在这两个平台基础上发挥各自的专业特长。吴立新等[104-105]提出实现数字矿山应该解决 10 项关键技术,认为数字矿山是感知矿山与智能采矿的基础,感知矿山是智能采矿的保障。周强等[106]认为感知矿山还是矿山数字神经系统的一种表现形式,并提出了"十二五"期间数字矿山的 5 个主攻方向——数字矿山集成平台、采矿模拟仿真系统、露天矿全自动化系统、井下定位与导航技术、采场环境智能感知技术。以上学者的研究成果为我国数字矿山的建设指明了研究的方向,奠定了理论基础。

一些学者也将 CAD 与 GIS 技术引入数字矿山。DataMine 公司开发的 Datamine Studio 软件实现了煤矿三维地质建模、储量计算、煤矿开采设计、生产控制等功能,引起了古德生院士等众多专家学者的关注[107]。陈建宏等[108]进行了可视化集成采矿 CAD 系统研究,并提出了采矿 CAD 发展的方向是可视化、集成化和智能化。曹代勇等[109]对矿井地质构造定量评价进行了研究并开发了相应的系统。孙豁然等[110]研发了基于 AutoCAD 的地测采矿 CAD 系统。毛仲玉等[111]运用系统工程和信息科学理论,利用 GIS 在管理和综合分析上特有的优势,进行矿图管理、生产的监测以及灾害事故的预警和预报工作。牛聚粉等[112-113]以煤与瓦斯突出预测技术、GIS 技术和安全系统工程的分析方法,建立了煤与瓦斯突出预警理论,开发了基于 MapX 的煤与瓦斯突出预警系统。郝天轩等[114]利用 GIS 二次开发技术,结合瓦斯地质理论开发了瓦斯突出区域预测可视化系统,实现了图形的叠加、多变量模型的瓦斯含量批量预测、等值线自动绘制等,进行了瓦斯地质编图在信息化方面的尝试。邢存恩[115]以 AutoCAD 系统为图形支撑环境,运用图形学理论、数据库理论和集成化技术,将 CAD、GIS 和图形可视化等计算机应用技术与煤炭安全生产相结合,对煤矿采掘工程空间信息表示、工程设计、计划编制、测量填图改图、安全信息管理、三维建模及其可视化等相关技术进行了深入研究,开发出了煤矿采掘工程动态可视化管理的原型系统。

大量学者通过建立数学模型,在矿山可视化与计算机预测预警方面进行了研究。熊书敏[116]建立了地下矿生产可视化管控系统,提出了基于 PENDM 模型和 RPSFM 模型的井巷工程和生产系统的自动化建模方案,实现了地下矿工况实时可视化。李一帆[117]建立了一种基于矿山工程地质剖面建模的新数据模型,包括点、线段、地质体轮廓线、地质界面和简单地质体等几何要素,并开发了基于三维可视化开发类库和矿山工程地质模型的可视化系统,实现了矿山工程的三维可视化建模。柴艳莉[118]通过对煤与瓦斯突出预警预测理论的研究,建立了瓦斯浓度突出的预测预警模型,并利用模糊神经网络算法的智能处理,将其应用于煤与瓦斯突出事故预警,为在信息化条件下煤与瓦斯突出的预测预警提供了一种新的思路。彭泓[119]通过对煤矿数据资源进行挖掘,建立了煤矿瓦斯灾害特征级融合模型及算法。毋丽华[120]通过对煤矿生产各个环节的分析,找出了煤矿安全生产的突出问题,建立了数学模型,为煤矿安全预测提供了支持。

随着数字矿山研究的深入和发展,必然会不断地产生新的专业领域,使得数字矿山理论更加充实。目前,我国数字矿山建设取得了高速的发展,国内一些高校和科研院所开发了一些较为成熟的煤矿地理信息系统。

(1)北京龙软科技股份有限公司[121]以自主开发的 Longruan GIS 为基础平台,开发了一系列数字矿山方面的软件,系统实现了地质、测量、采矿、通风、安全等专业功能的组件化,提供了自动绘制等值线图、各类柱状图、采掘工程平面图、采煤工作面素描图和储量自动计算等专业组件。

(2)西安集灵信息技术有限公司[122]以集灵数字矿山系统 VRMINE 为基础平台,围绕矿山地测、一通三防、生产调度和三维矿山,开发了地测数据库管理系统、Web 数据查询系统和三维建模平台三大类 11 小类数字矿山方面的软件。

(3)山东蓝谷软件有限公司[123]开发了"蓝光三维地下工程 CAD 平台""蓝光矿山数字化平台""蓝光地理信息系统",并以它们为基础平台开发了"地测地理信息系统""采掘设计 CAD 系统""矿井通防辅助系统""输配电辅助系统""设备管理系统""给排水设计系统""煤矿安全管理系统"等数字矿山方面的软件。

（4）太原理工大学开发的煤矿数字成图与管理系统，实现了煤矿主要矿图的自动绘制和管理[124]。

1.4　矿井监测与预测预警研究现状

（1）矿井生产监控监测

国外在煤矿监测监控系统方面的研究起步较早。20 世纪 70 年代，发达国家就开始了煤矿监测系统方面的研究。其中，美国以其在高新科技方面的强大优势首先把计算机技术和数据通信技术等现代科技应用于煤矿监测系统，如美国 MSA 公司生产的 DAN6400 系统。此外，波兰、法国、英国、德国等先后研制了多种型号的煤矿监测系统，波兰的 CMM-20M 系统、法国的 CTT63/64 系统、英国的 MINOS 系统和德国的 TF-200 系统都是其中的代表[125-127]。1990 年前后，美国煤矿已经普遍安装了煤矿监测监控系统。

我国对煤矿监测系统的研究和应用起步相对较晚。20 世纪 80 年代，我国先后从波兰、德国、英国和美国等国家引进了一批安全监测监控系统。这些监测监控系统对我国煤矿安全生产发挥了积极的作用，同时为我国研制监测监控系统起到了借鉴作用。通过消化、吸收并结合我国煤矿实际，国内许多科研院所和生产厂家先后研制了 KJ2、KJ4、KJ8[128-131] 等多套符合我国国情的监测监控系统。随着计算机、数据通信等技术的发展和煤矿企业发展的需要，国内一些科研院所和生产厂家又陆续研发了 KJ101、KJF2000、KJ4/J2000 和 KJG2000 等监控系统以及 MSNM、WEBGIS 等煤矿安全综合化和数字化网络监测管理系统[132-133]。

这些监测监控系统为我国煤矿的安全生产、管理和灾害预防与控制提供了充分的数据来源，在监测数据的处理与应用方面国内外一些学者做了大量的研究工作。

通过对监测数据的跟踪研究可以进行灾害的预测预警，及时地做出决策，对于消除事故隐患有着重要的意义[134]。伴随着国家对煤矿信息化的逐渐重视，煤矿信息化进程不断推进，在这种大环境下煤矿安全监测数据如何得到有效的利用显得尤为重要[135]。以煤矿瓦斯监测数据为基础的瓦斯预测预警技术目前尚未得到广泛应用，有效分析煤矿瓦斯监测数据并应用于煤矿生产的安全管理，对提高瓦斯灾害的预警能力具有重要意义。

（2）瓦斯预测预警

煤矿瓦斯浓度、涌出量和煤与瓦斯突出等灾害的预测属于复杂的非线性问题，在国外主要产煤国研究相对较少。由于我国煤矿生产地质条件复杂，瓦斯灾害非常严重,因此瓦斯监测与预测预警研究主要集中在我国。国内许多学者对煤矿瓦斯浓度、涌出量和煤与瓦斯突出等灾害的预测方法进行了全面、深入的研究,并取得很大进展[136]。

崔小彦[137]采用蚁群优化算法对神经网络模型的权值与阈值进行优化,建立了瓦斯涌出量预测模型。蔡振禹等[138]通过对工作面瓦斯涌出量数据进行 LMD 分解,得到多个 PF 分量,改进了神经网络方法,对工作面瓦斯涌出量分别进行预测,把不同预测结果进行叠加重构合成,进而获得了瓦斯涌出量预测值。付华等[139-142]根据采煤工作面瓦斯涌出量系统的时变性、非线性、复杂性、不确定性等特点,分别运用人工神经网络、模糊神经网络的信息融合以及混沌时间序列、蚁群聚类算法优化神经网络等不同方法建立数学模型来对采煤工作面瓦斯涌出量进行预测。高莉等[143-144]利用混沌时间序列的特性确定 RBF 神经网络的输入节点个数,并提出了基于 W-RBF 的瓦斯时间序列预测方法。施式亮等[145]提出了相空间重构与神经网络相结合的瓦斯浓度时序数据预测方法,并利用瓦斯涌出量实测数据进行预测结果验证。王其军等[146]采用免疫算法对神经网络进行优化,提出基于免疫神经网络的瓦斯预测数学模型,对瓦斯监测数据进行预测。Shao 等[147]提出了基于遗传退火神经网络的瓦斯预测方法,并实现了瓦斯涌出量时间序列预测。朱宇[148]提出了基于商空间的构造性神经网络学习方法,并建立了瓦斯预测模型,该模型在商空间粒度理论框架下用构造性神经网络学习的方法进行了瓦斯浓度预测。

自 1982 年邓聚龙教授提出"灰色系统理论"以来,经过 30 多年的发展,该理论被广泛应用于社会、管理、能源、经济等领域[149-151],并得到了迅速的发展。

国内学者对灰色理论在瓦斯涌出量预测方面的应用做了大量研究。郭德勇等[152]利用灰色理论的灰色关联法找到了突出的主要影响因素,建立了突出预测数学模型,实现了突出危险性预测,并在平煤八矿进行了应用。吕品等[153]研究了工作面上隅角瓦斯浓度的影响因素,采用灰色理论建立了动态预测分析模型,实现了工作面上隅角瓦斯浓度变化的预测。Qu 等[154]将灰色关联聚类与神经网络相结合,实现了工作面上隅角瓦斯浓度的预测。段霄鹏[155]根据灰色理论提出了瓦斯浓度预测的灰色-覆盖组合方法,进行了瓦斯浓度预测。袁东升等[156]利用三维趋势面来描述瓦斯涌出量的变化,并利用灰色趋势面方法进行了瓦斯涌出量的预测。

何俊等[157]、程健等[158]、张剑英等[159]、黄文标等[160]、赵志刚等[161-162]运用混沌和分形理论分别建立了不同的数学模型,实现了煤层瓦斯涌出量和突出的预测。

以上学者在算法改进、模型优化、预测系统设计与开发等方面提供了一些比较先进的方法和手段,随着各种方法的不断完善和改进,各种新技术和理论正在越来越多地应用于煤矿安全管理和瓦斯涌出量预测方面。

1.5　存在的问题

通过大量文献检索可知,国内外大量学者在数字矿山、瓦斯地质与煤矿监测数据应用方面取得了很多研究成果,为煤矿安全高效生产提供了技术保障。同时,可以看出目前在瓦斯地质信息化及瓦斯监测数据应用方面还存在以下不足:

(1)瓦斯地质信息数据分散在各个不同部门,系统之间相互独立,存在多种数据格式并存、信息共享困难、部门之间协作性差、数据更新不及时、工作效率低下、数据利用率较低、图纸文档安全性难以保障等问题,不能满足瓦斯地质信息的统一数据处理、更新、分析及管理,更无法满足数字矿山与智慧矿山的发展需要。

(2)瓦斯地质图是煤矿安全生产的基础图件,越来越受到监管行业、煤矿企业和科技工作者的重视。但是目前煤矿没有专业的瓦斯地质分析软件,更没有瓦斯地质信息化系统,造成矿井瓦斯地质图更新严重滞后,矿井瓦斯地质图没有充分发挥应有的作用。

(3)矿井瓦斯涌出量监测数据没有得到充分利用。煤矿拥有大量的瓦斯涌出量监测数据,但是目前煤矿瓦斯预警方法侧重于实时的超限判断,属于事后评估和预警,没有对事故前后的瓦斯浓度进行分析,更没有实时地对瓦斯涌出量进行预测预警。

(4)煤矿瓦斯地质信息发布主要以人工方式进行,信息发布的及时性、全面性不能得到保证。

1.6　研究内容及技术路线

1.6.1　研究内容

针对目前我国在瓦斯地质信息化建设中存在的上述问题,本书在煤矿瓦斯地质信息的统一数据处理、实时更新、自动分析预测等方面开展研究,主要内容如下:

(1)煤矿基础空间数据融合与协同管理研究

研究数据融合技术,将煤矿安全生产中各职能部门的相关瓦斯地质数据进行融合处理,把不同格式的矿区、矿井各类图件进行数据融合,实现海量图库管理,建设煤矿瓦斯地质综合数据库。

研究瓦斯地质信息化协同系统,实现不同的专业用户登录系统之后,系统根据职责和权限进入不同的系统操作界面,处理和查询权限范围内的专业信息,各部门处理的数据信息在系统中自动进行同步更新。

(2)瓦斯地质图编制系统研究

研究目标区瓦斯赋存规律,实现根据煤矿已采区域的瓦斯地质变化特征和规律以及未采区域瓦斯参数构建预测模型,预测未采区域的瓦斯地质情况,自动绘制瓦斯含量等值线、压力等值线,并更新煤矿瓦斯地质图。

(3)工作面瓦斯预测预警系统

研究不同影响因素下工作面瓦斯涌出量的变化规律,确定各影响因素间的权重,采用灰色关联分析方法确定影响涌出量变化的主要影响因素,构建瓦斯涌出量预测模型,实现工作面瓦斯涌出量的中长期预测。

采用重标极差分析法(R/S 分析法)找寻求出工作面瓦斯涌出量随时间变化的规律,建立工作面瓦斯涌出量预警系统,然后利用基于分形理论的时间序列方法预测后续时间节点的瓦斯涌出量,与边界值进行比较,实现工作面瓦斯涌出量的短期预测,并通过瓦斯监测数据对预测模型进行实时修正。

(4)煤矿瓦斯地质信息发布系统

开发瓦斯地质信息发布平台,实现移动端和 IM 端的两种信息发布方式,及时进行瓦斯地质信息发布。

1.6.2 研究方法及技术路线

本书充分利用 WebGIS 技术、数据库技术、ObjectARX 二次开发技术等,以 AutoCAD 为平台,基于瓦斯赋存构造逐级控制理论,建立煤矿瓦斯地质信息管理与辅助决策系统平台,为煤矿生产和安全技术人员提供基于 C/S(Client/Server,客户/服务器)架构的瓦斯地质图编制系统和瓦斯地质信息更新平台,为管理人员提供基于 B/S(Browser/Server,浏览器/服务器)架构的瓦斯地质信息及相关信息的查询、检索和分析工具,最终实现瓦斯地质信息的科学管理、动态更新和科学决策。

本书研究的技术路线如图 1-3 所示。

(1)运用瓦斯赋存构造逐级控制理论,研究平顶山矿区、矿井瓦斯地质规律,得到瓦斯赋存分布规律及影响因素。

(2)根据煤矿各部门现有的工作流程和管理数据的分类,研究多部门、多专业的数据融合技术,建立煤矿基础空间数据融合与协同管理系统,实现煤矿瓦斯地质信息的融合和各部门的协同管理。

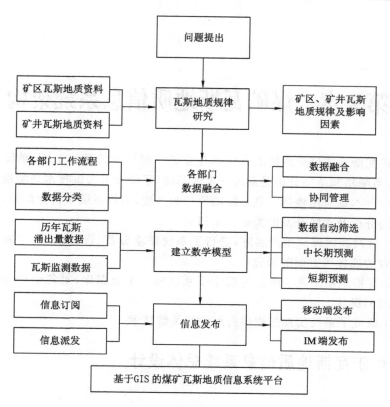

图1-3 本书研究的技术路线图

（3）分析煤矿瓦斯监测数据，分别基于灰色理论和分形理论的时间序列方法，建立工作面瓦斯涌出量的中长期预测和短期预测模型，并根据瓦斯监测数据对模型进行实时修正，提高预测精度，实现瓦斯涌出量的实时预测。

（4）建立基于GIS的煤矿瓦斯地质信息系统，实现煤矿瓦斯地质信息的综合管理与信息发布。

第 2 章　煤矿瓦斯地质信息系统架构

　　煤矿瓦斯地质信息系统的设计和开发是一项复杂的系统工程,系统总体架构设计、系统功能结构分析是系统开发的基础,系统开发关键技术是实现系统功能的手段。本章应用地理信息系统的原理和方法,进行系统平台架构设计、系统功能结构分析及系统开发的关键技术研究。

　　(1)针对我国煤矿生产实际,进行了系统需求分析、设计目标、开发方式及开发平台的选择等方面的研究。

　　(2)瓦斯地质信息系统分为四个子系统和一个数据库,对各个功能模块进行了详细的设计。

　　(3)研究了系统实现过程中所用的到关键技术。

2.1　煤矿瓦斯地质信息系统总体设计

2.1.1　需求分析

　　软件开发一般分为需求分析、系统设计、编码、测试和维护五个阶段。需求分析是软件开发的基础,直接决定着软件开发的质量和成败。需求分析需要做到以下几点:

　　(1)确定系统建设目标,包括系统功能、需要展现的信息内容、展示方式、涉及的业务科室及所面向的用户角色。它是系统进行可行性分析、设计、实施、测试、评价与维护的重要依据,对系统的生命周期起着重要作用。

　　(2)根据煤矿生产实际需求,详细规划系统结构和主要功能,包括业务流程、数据流程、数据存储、现有煤矿信息化系统及数据接口、系统管理、成果输出等功能。

　　(3)根据系统业务流程,明确用户角色和权限划分,涉及系统管理员、矿级领导、科室管理员、技术人员等。

　　(4)根据系统数据流程,对所有空间数据、属性数据进行描述与定义,建立数据字典,列出有关数据流条目、文件条目、数据项条目、加工条目的名称、组成、组织方式、取值范围、数据类型、存储形式、存储长度等。

（5）确定系统接口和运行环境，涉及用户操作界面、网络传输与通信接口、硬件设备环境、软件配置环境等。

2.1.2　设计目标

煤矿瓦斯地质信息系统以瓦斯地质理论为指导，结合 GIS 技术，以 AutoCAD 为平台，在研究煤矿瓦斯地质规律的基础上开发实现。涉及瓦斯地质信息涵盖的相关业务科室的日常工作流程、数据流转、图形绘制等内容，目的是实现煤矿基础空间信息的集成管理与自动更新和各相关业务科室制图自动化、规范化和快捷化以及煤矿办公业务流程化、信息化、智能化；基于煤矿生产实际，实现瓦斯地质图的自动编制，瓦斯地质信息实时全面查询和管理；基于煤矿瓦斯地质信息"一张图"理念下的下分权限、分职能完成各业务科室需要的专业图形编绘，实现煤矿各部门的业务协同、图件协同；同时对各科室的日常工作流程通过"网上办公"形式流转，实现无纸化、高效率办公。其系统设计目标主要包括：

（1）系统能够处理煤矿生产过程中的所有基础地理信息，包括采掘信息、瓦斯信息、地质信息、通风信息、测量信息、矿井瓦斯监测监控信息等，并能进行综合分析。

（2）煤矿开采为一动态时空过程，随着井巷工程的开拓、采区的接替、工作面的推进而使开采范围不断扩大或延伸，系统数据库中的数据必须同步更新。

（3）系统能够实现煤矿基础空间信息和分析预测结果的查询、检索、显示和输出等功能。

（4）运用瓦斯赋存构造逐级控制理论，分析煤矿瓦斯地质规律，实现矿井深部瓦斯地质图更新和工作面瓦斯地质图的自动生成。

（5）根据煤矿瓦斯监测监控数据，实现工作面瓦斯涌出量的预测预警。

（6）系统必须界面友好，操作简便，与煤矿生产、管理要求一致，非专业 GIS 人员也能操作。

2.1.3　开发平台选择

目前，国内外有许多 GIS 平台和软件产品，如 ArcGIS、MapInfo、AutoCAD、MapGIS、SuperMap、龙软、GeoStar 等，这些 GIS 软件开发平台各有优势，选择先进、适用、经济的开发平台尤为重要。AutoCAD 因其图形编辑功能简便、高效、实用，已成为各类采矿 CAD 系统中应用最广泛的软件，AutoCAD 的 DWG 格式在许多图形设计领域得到了广泛的应用，也是矿山应用最多的图形格式[163-164]，目前基于 AutoCAD 软件的不同专业二次开发研究取得了很大的进展[165-167]。国外非常重视基于 AutoCAD 软件的二次开发，AutoCAD 软件二次开发技术快速发展[168]，且现已成为矿山专业设计的标准平台[169]。国内，基于 AutoCAD 软件平台进行 GIS 系统的二次开发工作也已取得丰硕成果，如龙软系统等，并已在许多科研院所和煤矿企业得到广泛应用。因此，本书以 AutoCAD 为开发平台，进行煤矿瓦斯地质信息系统的开发。

目前，以 AutoCAD 为图形处理核心进行软件开发的有以下三种方式：

（1）如图 2-1 所示，软件和 AutoCAD 之间通过接口的方式进行图形传输，软件设计的图形通过 AutoCAD 进行图形处理、输出和存储。由 AutoCAD 进行修改的图形无法返回软件，如图 2-2 所示。

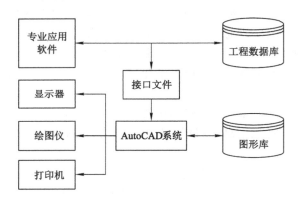

图 2-1　基于 AutoCAD 专业应用软件系统结构

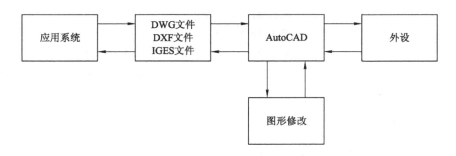

图 2-2　基于 AutoCAD 系统专业应用软件数据流程

（2）AutoCAD 与应用软件之间不需要接口，可以直接向软件提供图形，并进行图形修改、输出和存储，直接参与到软件的运行当中，如图 2-3 所示。

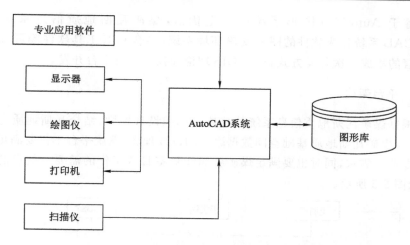

图 2-3 基于 AutoCAD 系统专业软件系统结构

（3）这种方式是在前两种方式的基础上发展起来的，此时，AutoCAD 的作用和第二种方式一样，工程数据由数据库系统进行处理。AutoCAD 和数据库系统之间相互独立，同时实现数据的共享，如图 2-4 所示。

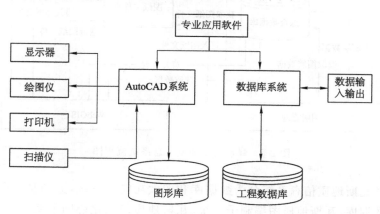

图 2-4 基于 AutoCAD 专业应用软件系统结构

采用基于 AutoCAD 图形系统的专业软件系统的主要特点如下：

① 目前在中国煤矿企业中，AutoCAD 是应用范围最广的软件之一，具有良好的使用基础。

② 可以直接利用 AutoCAD 强大的图形处理能力，软件开发时可以直接开发应用系统，降低了系统开发的难度，缩短了开发周期。

鉴于 AutoCAD 图形系统的以上优点,煤矿瓦斯地质信息系统采用 AutoCAD 系统作为软件的图形支撑环境系统,结合 GIS 工具软件等可视化开发语言的集成二次开发方式,运用 GIS 理论和技术进行平台开发。

2.1.4 平台架构

根据煤矿瓦斯地质信息系统的总体目标和设计原则,结合瓦斯地质专业需求,以及煤矿瓦斯地质基础空间数据融合的设计理念,系统平台不仅要满足瓦斯地质专业的需求,同时也要满足煤矿各职能科室日常工作的需要及信息的发布等,如图 2-5 所示。

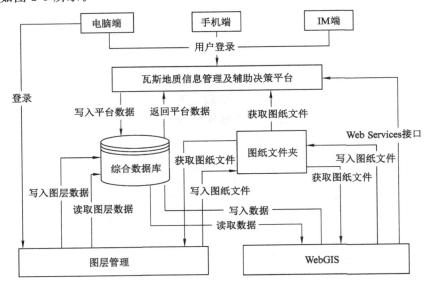

图 2-5 煤矿瓦斯地质信息系统流程图

煤矿瓦斯地质信息系统分为数据库和四大功能子系统,分别是瓦斯地质综合信息数据库、瓦斯地质图编制子系统、瓦斯地质信息化协同子系统、瓦斯地质综合管理子系统和瓦斯地质预测子系统,各子系统分别由若干模块组成,系统架构如图 2-6 所示。

煤矿瓦斯地质信息系统自下而上共分为五层:数据层、平台层、业务处理层、应用层以及辅助决策层。

(1) 数据层

数据层包含地质信息、测量信息、采掘信息、瓦斯信息以及辅助决策信息的瓦斯地质信息综合数据库,作为煤矿统一的实时数据集成平台。

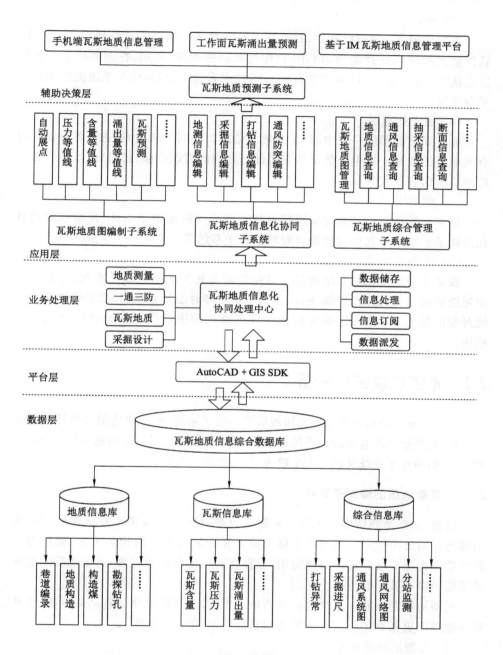

图 2-6　煤矿瓦斯地质信息管理与预测平台系统架构

（2）平台层

系统采用 AutoCAD 软件，并将其和 GIS 技术相结合。充分利用 AutoCAD 软件强大的图形处理能力和 GIS 软件在数据的管理、使用、查询和检索方面的巨大优势，将 AutoCAD 软件平台和 GIS 技术有机结合，为整个系统提供强大的平台支持。

（3）业务处理层

业务处理层围绕一个中心（瓦斯地质信息化协同处理中心）进行各专业部门有关业务的处理。该中心负责各专业部门之间的数据存储、信息处理、关联数据订阅以及信息派发等。

（4）应用层

煤矿瓦斯地质信息系统应用层包括瓦斯地质图编制子系统、瓦斯地质信息化协同子系统以及瓦斯地质综合管理信息子系统等三个应用子系统。

（5）辅助决策层

煤矿瓦斯地质信息系统的最终目标是研发瓦斯地质预测子系统，开发工作面瓦斯涌出量的预测预警模块，以及基于企业即时通信系统（IM）和移动通信系统开发的基于 IM 的瓦斯地质信息化管理模块和手机端瓦斯地质信息化管理模块。

2.2 系统模块结构分析

煤矿瓦斯地质信息系统由瓦斯地质图编制子系统、瓦斯地质信息化协同管理子系统、瓦斯地质综合管理子系统、瓦斯地质预测子系统以及瓦斯地质信息综合数据库组成，每个子系统又由若干个模块组成，如图 2-7 所示。

2.2.1 瓦斯地质图编制子系统

目前，瓦斯地质图编制工作越来越受重视，已经写入《煤矿安全规程》和《防治煤与瓦斯突出规定》，但是由于煤矿缺乏瓦斯地质专业的相关人才，而使得瓦斯地质图在煤矿没有真正得到应用，且存在更新不及时等现象，瓦斯地质图编制子系统可以有效地解决以上问题。

瓦斯地质图编制子系统包括瓦斯地质图例库、瓦斯地质信息动态更新、矿井瓦斯地质图更新和工作面瓦斯地质图自动绘制，如图 2-8 所示。

（1）瓦斯地质图例库

根据《煤矿矿井瓦斯地质图编制方法》（AQ/T 1086—2011）的图例标准，建立瓦斯地质图标准图例库，并结合煤矿生产实际建立拓展图例库。

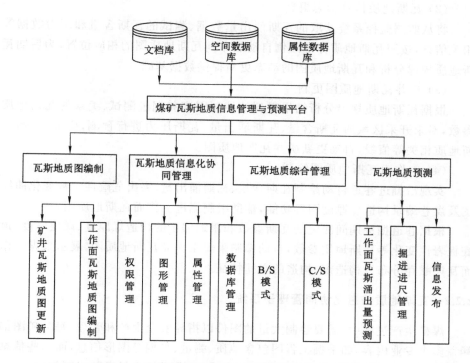

图 2-7　瓦斯地质信息管理与预测平台的模块和子系统

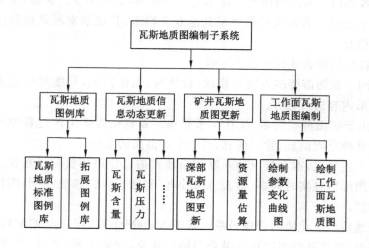

图 2-8　瓦斯地质图编制子系统

（2）瓦斯地质信息动态更新

将从监测监控系统获取的瓦斯涌出量数据、测试的瓦斯含量和压力数据等相关信息，按照瓦斯地质标准图例自动展布到瓦斯地质图的相应位置，为后期瓦斯地质规律分析和瓦斯地质图的动态更新提供数据基础。

（3）矿井瓦斯地质图更新

根据瓦斯地质规律分析结果得到的控制因素和掘进测试、编录的瓦斯地质参数，对未开采区域的瓦斯含量、瓦斯涌出量、瓦斯压力进行预测，生成、更新瓦斯地质相关等值线，自动更新矿井瓦斯地质图。

（4）工作面瓦斯地质图绘制

实现沿掘进巷道自动绘制瓦斯含量、瓦斯涌出量、突出危险性参数变化曲线图及煤巷编录构造煤厚度图等功能，辅助编制掘进工作面瓦斯地质图。

根据巷道掘进期间测定的瓦斯参数和跟踪编录的构造煤厚度、煤层厚度、顶底板岩性变化等瓦斯地质参数，自动编制采煤工作面瓦斯地质图，展示采煤工作面瓦斯赋存分布及构造煤、构造的空间特征。

2.2.2 瓦斯地质信息化协同管理子系统

煤矿生产过程中，需要绘制大量的图件以指导安全生产和管理，每类矿图都涵盖多个专业内容，如采掘工程图包含地质、测量、采掘等图形信息，而这些信息通常是由多部门专业技术人员分别协作完成的，这样就容易导致以下问题：

（1）各部门所掌握的图纸往往不是一套底图，信息不全。例如，水文专业人员添加的水文信息若未及时拷贝至其他专业科室，其他科室所掌握的图纸上就缺乏水文信息。

（2）各部门所表达的信息不一致。

（3）同一张图需要多人同时修改、设计时，无法协同，只能等待他人做完图后拷贝图形内容进行合并。

（4）由于矿图种类繁多，没有一张能够涵盖整个煤矿生产过程中与瓦斯地质相关的基础空间信息、管理信息、安全生产信息的全图。

针对上述情况，本系统设计开发瓦斯地质信息化协同管理子系统。该系统可以实现图形信息实时共享、多人协同处理（删除、新增、修改）一张图以及图形定制等功能。

瓦斯地质信息化协同管理子系统基于 MetaMap GIS＋AutoCAD 技术实现统一数据库、煤矿基础空间数据融合与协作共享，完成地测、通风、防突、瓦斯地质等专业图形一体化协同设计，形成涵盖地测、通风、防突等多种矿图数据于一体的生产专业空间数据中心，最终实现矿井生产信息动态更新、综合协调管理与共享协作。

瓦斯地质信息化协同管理子系统主要包括地测系统、通防信息系统和瓦斯地质系统。

瓦斯地质信息化协同管理子系统以煤矿基础空间数据融合为理念(图 2-9),采用以解决方案为基本单元,实现一图一方案的独立式设计,对不同图形进行分开管理,同时又通过加入 SQL Server、SQLite 数据库以及多文档监视、实时推送、实时获取、权限控制等一系列方法,实现煤矿管理技术人员在图形间的协同工作,实时交流,提高工作效率。协同设计的系统架构如图 2-10 所示。

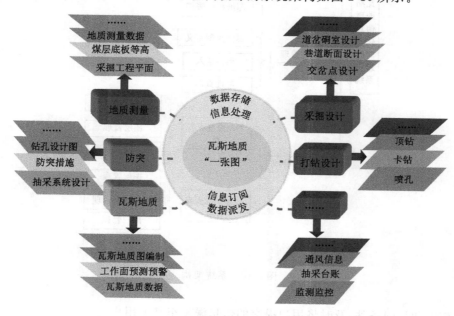

图 2-9　瓦斯地质信息化协同管理策略

协同管理子系统的基础应用主要由流程、协作和管理三类模块构成。设计、校审和管理等不同角色人员利用该平台中的相关功能实现各自的设计工作。

(1)角色控制

角色控制是协同管理子系统的基础,不同的角色具有不同的权限,根据其权限可以从统一的空间数据库中提取和处理的信息也不相同,确保煤矿基础空间信息在共享的同时既安全又高效。

(2)数据处理中心

数据处理是协同管理子系统的核心,主要包括信息的高效存储、数据的冲突解决(当同一信息被多人同时修改时引发的冲突)以及信息的及时派发(根据用

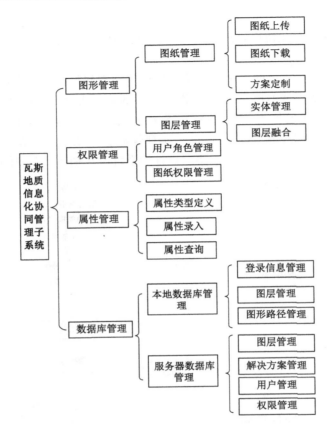

图 2-10 系统架构

户权限和订阅条件,及时将用户提交的信息派发至其他用户)。

(3)业务及流程管理

业务及流程是协同管理子系统的重点。业务主要包括用户登录、信息提交、信息获取、动态更新等模块,主要体现在如何满足煤矿生产过程中各种基础空间信息的及时更新。以测量用户延伸巷道业务流程为例,如图 2-11 所示。

瓦斯地质协同管理子系统的建设目标为:

(1)统一数据、统一平台:统一管理基础巷道测量数据、地质构造数据等煤矿基础空间信息,实现统一平台的多专业应用。

(2)"一张图"按专业分层管理:实行专业的图层管理、图层修改以及专业分层管理。

(3)分布式协同制图设计:基于统一平台,采掘通防等地质、测量部门技术

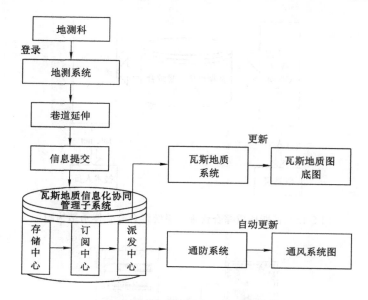

图 2-11　测量用户延伸巷道业务流程图

人员协同完成采掘工程平面图、通风系统图、防尘系统图、避灾路线图、瓦斯地质底图等矿图绘制。

（4）遵循行业规范与标准：建立的数据库符合国家和行业相关的标准。

（5）操作简单：基于 AutoCAD 软件进行二次开发符合目前煤矿工程技术人员的操作习惯，同时提供大量针对煤矿需求定制的基础操作功能，如开放的矿山符号库管理、基础图形操作、线操作、坐标转换等。

2.2.3　瓦斯地质综合管理子系统

系统以瓦斯地质信息综合数据库为基础，采用微软公司的 Visual Basic.NET 为软件开发平台，构建基于 C/S 及 B/S 混合模式的瓦斯地质信息综合数据库。图 2-12 所示为瓦斯地质综合管理子系统混合模式体系结构图。

WebGIS 有两种模式：客户/服务器（简称 C/S）和浏览器/服务器（简称 B/S）。

（1）C/S 是应用于局域网的分布式模式，基于简单的请求/应答协议。在 C/S 模式下，服务器只是提供数据管理，数据处理则分散在各客户端进行，服务器和客户端之间通过网络实现通信，如图 2-13 所示。

（2）由于 Internet 技术的飞速发展，出现了 B/S 模式。B/S 模式是以 Internet 为环境，网络页面作为用户界面，将 Internet 与 GIS 技术相结合，提供各种

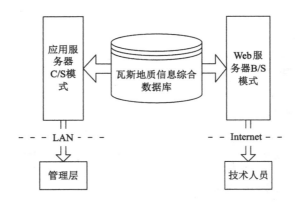

图 2-12　瓦斯地质综合管理子系统混合模式体系结构图

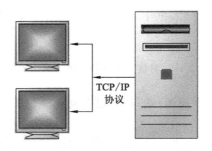

图 2-13　C/S 系统结构模式图

GIS 功能。B/S 使得 GIS 由单机变为网络化。

　　在 B/S 模式下,客户端仅需安装浏览器,无须安装任何 GIS 软件,此外对于计算机也没有特别要求,因此 B/S 模式有着 C/S 模式无法比拟的优势,已成为当今应用软件开发的主流模式。B/S 系统结构如图 2-14 所示。

　　(3) C/S 模式与 B/S 模式的优缺点比较:

　　C/S 模式的优点:安全性高、交互性强、客户端的性能可以得到充分的利用,适用于大量数据的处理。

　　C/S 模式的缺点:对客户端的硬件要求高;产品升级时需对每个客户端分别进行升级,维护成本高;系统不能在其他平台运行,兼容性差;用户界面各不相同,对不同用户的使用带来不便。

　　B/S 模式的优点:降低了客户端的地位,用户只需安装浏览器即可,操作方便;软件开发时,只需进行服务器的开发;软件的安装和后期维护方便;适用于网络信息发布。

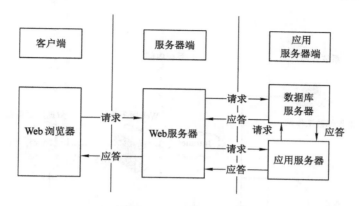

图 2-14　B/S 系统结构模式图

B/S 模式的缺点：安全性差；数据处理、传输较 C/S 差；服务器负担大。

（4）混合模式的 Web GIS 体系结构：

综上所述，C/S 模式与 B/S 模式各有其优点和适用环境，混合模式是将 C/S 和 B/S 有效地结合在一起，将内外网分离，系统按照功能不同选择不同的模式，共用一个核心数据库，在避免 C/S 和 B/S 缺点的同时，保留了 C/S 和 B/S 的优点，使得系统更加完善，具备实用价值。煤矿企业自 20 世纪 90 年代以来，采用 C/S 模式开发了大量煤矿专用系统，直至现在，许多煤矿大部分的应用和管理系统仍是 C/S 结构。其次煤炭作为国家的重要战略资源，其开采的空间位置、范围、时间、过程、开采量及各种图纸等信息属于国家秘密，未经批准，不得对外公布。另外，为保证职工全身心工作，许多煤炭企业对职工工作时间上互联网有严格规定。

B/S 体系结构和 C/S 体系结构混合模式的结合方式主要有两种[170]：

① 系统内外差别模式

如图 2-15 所示，这种模式是系统在内外网直接选择不同的模式，内网用户使用 C/S 模式，外网用户使用 B/S 模式。优点是：外部用户不能直接访问数据库，需通过 Web 服务器进行连接，保证了数据的安全；内部用户数据处理速度快。缺点是：外部用户数据处理速度较慢。

② 数据操作差别模式

如图 2-16 所示，这种模式下，C/S 与 B/S 不是以内外网进行区分，而是按照数据处理区分的。所有涉及数据处理操作的，都使用 C/S 模式；执行查询和浏览操作，则使用 B/S 模式。这种模式充分发挥了 C/S 与 B/S 各自的优势，但由于外网用户直接访问数据库服务器，因此存在数据安全隐患。

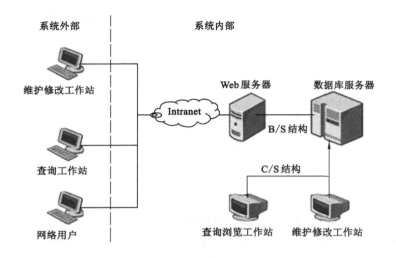

图 2-15　系统内外差别

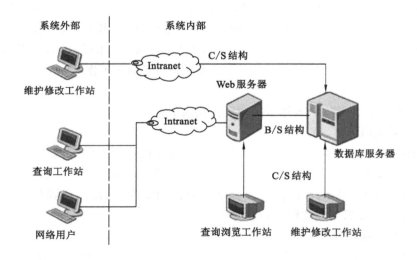

图 2-16　数据操作差别

本系统采用系统内外差别的混合模式进行开发设计,系统体系结构如图 2-17 所示,系统网络结构包括数据库服务器、Web 服务器和客户端。

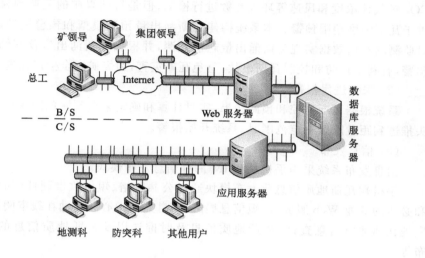

图 2-17　系统体系结构图

2.2.4　瓦斯地质预测子系统

瓦斯地质预测子系统包含瓦斯涌出量预测预警、采掘进尺报警和信息发布三个功能模块,如图 2-18 所示。

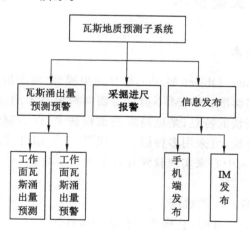

图 2-18　瓦斯地质预测子系统

（1）工作面瓦斯涌出量预测预警

煤矿安全监测监控系统在井下布置了大量的监测点，对井下 CH_4、CO、O_2、CO_2 等气体浓度和风速等环境参数进行检测，但是目前煤矿的瓦斯预警系统偏重于瓦斯浓度超限预警。本系统构建瓦斯涌出量预测模型和预警模型，通过实时监测的瓦斯数据实现瓦斯涌出量超前预测，并根据瓦斯涌出量预测结果进行预警，有利于预防和控制瓦斯事故，避免瓦斯灾害，为煤矿安全生产保驾护航。

（2）采掘进尺报警

系统根据瓦斯监控和预测结果，实时计算和确定采掘预测危险区域，当掘进头推进到距危险区一定范围时，系统开始报警。

（3）信息发布

信息发布系统采用手机端和 IM 两种信息发布模式。

手机端瓦斯地质信息化发布模块通过公共网络、短信收发硬件（如短信猫）和必要的专业 Web 服务，以短信息提醒、信息共享中心和移动在线审阅等方式，实现瓦斯地质信息查询、瓦斯地质信息及时推送以及瓦斯地质信息的移动发布等。

基于即时通信的瓦斯地质信息发布模块可实现图件传输、技术交流、远程协助、即时通信等基础通信应用，并能够基于瓦斯地质信息综合管理和辅助决策平台服务器端定制专业功能模块，从而为瓦斯地质信息化工作开辟一种新型的办公和沟通途径。

2.3　系统开发关键技术

2.3.1　COM 组件技术

COM（Component Object Model，组件对象模型）两个组件之间可以相互连接，是二进制的网络标准。COM 不但具备面向对象技术的三个基本特征，而且具有便于协作、更新快的特点；是更高级的编程技术，仅需制定各个组件的外部特征，不关心实现办法；可采用多种语言实现[171-172]。组件技术的核心是利用可以反复使用的组件为中心来实现软件开发中的一些功能[173-174]。

COM 的优点[175-176]：

（1）降低了软件开发的难度。

（2）当有适用的组件时，直接选用合适的组件。

（3）各个组件相对独立，软件开发时可以分组件进行定制、开发。

（4）不同的软件可以采用同一个组件，增强软件的可重用性。

2.3.2 ASP.NET 技术

近几年流行的 ASP.NET（Active Server Page .NET）[177-178]是由微软公司推出的动态网页实现系统提供基于组件开发，简化了编程，它可以在通过 HTTP 请求文档时再在 Web 服务器上动态创建它们。

ASP.NET 改变了之前 ASP 只能使用脚本语言编程的缺点，理论上可以使用任何编程语言，同时具有良好的封装性、继承性和多态性。基于 ASP.NET 服务器的 WebGIS 体系结构如图 2-19 所示。

图 2-19 基于 ASP.NET 服务器组建的 WebGIS 体系结构

2.3.3 组件式 GIS 技术

组件式 GIS 就是将 GIS 的各个功能模块划分为多个控件，各个控件完成独立的功能，最后通过开发工具将各个控件集成在一起，形成 GIS 应用系统。

组件式 GIS 具有以下特点：

（1）大众化的 GIS，用户可以像使用其他 ActiveX 控件一样使用 ComGIS 控件，即使非专业用户也能够开发和集成 GIS 应用系统。

（2）开发简单，不需专门的 GIS 开发语言。

（3）开发成本低。

（4）扩展性强。

2.3.4 WebGIS 技术

WebGIS（网络地理信息系统）是 Internet 和 3W 技术应用于 GIS 软件开发的产物，是实现 GIS 互操作的最好办法。在 Internet 上所有的用户都可以访问

WebGIS 中的资源。因此,WebGIS 不但具备传统 GIS 软件所有的功能,并且还具有 Internet 特有的优势功能,即用户计算机上无须安装 GIS 软件就能够在 Internet 上访问远程 GIS 的程序,进行 GIS 分析,提供交互式的信息。

　　WebGIS 的关键特征是面向对象、分布式和互操作。

　　典型的 Web 数据库系统由 Web 浏览器、Web 服务器和数据服务器三者组成,如图 2-20 所示。用户通过浏览器/客户端提出申请,登录 Web 服务器与数据库服务器进行交互。WebGIS 实现技术比较见表 2-1。

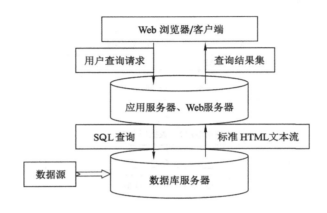

图 2-20　典型 Web 数据库系统的组成

表 2-1　WebGIS 实现技术比较

	构造方法	优点	不足
服务器端技术	CGI 技术	客户端小; 处理大型 GIS 操作分析功能强; 充分利用服务器现有资源	网络传输和服务器的负担重; 同步并发请求问题; 传输静态地图图片,客户端交互功能有限
	Server API 技术	不需要每次请求都重启动 GIS 服务器,响应速度较 CGI 快	需要依附于特定的 Web 服务器
	GIS 插件	服务器和网络传输的负担轻; 可直接操作 GIS 数据,速度快	需要先下载安装到客户机上; 与平台和操作系统相关; 存在安全和管理上的问题

表 2-1(续)

	构造方法	优点	不足
客户端技术	ActiveX 控件	执行速度快; 可以方便地与本地其他应用互操作,并在本地保存数据和处理结果	与操作系统相关; 需要预先下载安装; 安全性较差
	Java Applet	与平台和操作系统无关; 实时下载运行,无须预先安装; 服务器和网络传输的负担轻,安全性较好	GIS 数据和分析结果的本地存储能力有限
	Ajax 技术	Ajax 本质上是一种客户端技术,它综合了浏览器 JavaScript、DOM 模型、异步请求对象等技术,提高了 WebGIS 客户端请求响应速度,改善了用户体验	由于主要采用客户 cookie 来保存用户请求过程中的一些状态信息,因而可能会带来一些安全上的问题

2.3.5 AutoCAD 二次开发工具

AutoCAD 为用户提供了五种主要的开发工具,分别是 ObjectARX、VB/VBA、ADS、AutoUSP/Visual USP,以及目前兴起的.NET 开发工具,这五种开发工具各自的特点见表 2-2。

表 2-2 AutoCAD 主要开发工具的特点

AutoCAD 二次开发方法	开发语言	对 AutoCAD 的控制能力	程序 可读性	使用 难易度	系统 着重点
ObjectARX	C++	最深入	较好	难	智能性
VB/VBA	Visual Basic	一般	好	较易	易用性
ADS	C 语言	较深入	较好	较难	综合性
AutoUSP/Visual USP	AutoLISP/Visual LISP	一般	较差	易	交互性
.NET	Visual Basic.NET Visual C#.NET	仅 AutoCAD 2006 以上完全支持			

在 AutoCAD 2005 版本中 Autodesk 公司推出了用.NET 开发 AutoCAD 的编程接口。它的实质是通过 Managed C++/CLR 技术对 VC++ 的

ObjectARX 进行封装。目前 Autodesk 公司已经完成对大部分 ObjectARX 编程接口的封装。这种编程方式难度适中,能够访问大部分的编程接口(除了自定义实体)。

ObjectARX 进行 AutoCAD 二次开发的优势:

① 支持 C++语言,可以利用 C++编程的所有优点。

② ObjectARX 直接调用 AutoCAD 函数,可以直接访问核心数据结构和代码。

③ ObjectARX 可以直接访问 AutoCAD 的数据结构和图形系统。

④ 利用 ObjectARX 可以充分利用 MFC 的网络编程功能,支持异地协作设计。

⑤ 移植性好。

⑥ 共享 AutoCAD 内存地址空间,运行速度快,可以满足速度要求高的情况。

由于 ObjectARX 的以上优点,因此本系统采用 ObjectARX 对 AutoCAD 进行二次开发。

2.4　本章小结

(1)进行煤矿瓦斯地质信息系统的需求分析、设计目标、开发方式、开发平台和系统架构设计等方面研究。

(2)将煤矿瓦斯地质信息系统划分为四个子系统和一个数据库,并对瓦斯地质图编制子系统、瓦斯地质信息化协同管理子系统、瓦斯地质综合管理子系统和瓦斯地质预测子系统的实现功能进行了研究。

(3)对系统平台二次开发的关键技术——COM 技术、GIS、WebGIS 和 ObjectARX 等进行了详细介绍和分析比较。

第 3 章　目标区瓦斯地质规律研究

掌握目标区瓦斯地质规律,是划分瓦斯地质单元、建立瓦斯预测数学模型和数据管理的基础。本章运用瓦斯赋存构造逐级控制理论,研究目标矿区(平顶山矿区)、矿井(平煤十二矿)瓦斯地质规律,揭示瓦斯赋存主控因素,建立瓦斯预测数学模型,为系统构建矿井瓦斯地质图编制子系统提供理论和技术支持。

(1)在研究矿区瓦斯赋存构造逐级控制规律基础上,揭示矿区瓦斯赋存主控因素。

(2)研究矿井瓦斯分布规律,划分瓦斯地质单元,揭示矿井瓦斯赋存主控因素,建立单一瓦斯地质单元瓦斯含量与主控因素之间的预测数学模型。

(3)结合平顶山矿区东部三个煤矿瓦斯突出实际情况,研究地应力和煤与瓦斯突出之间的关系,利用 ANSYS 软件对矿区东部三个煤矿现代应力作用下褶皱对煤与瓦斯突出的影响进行了数值模拟分析,为后期煤与瓦斯突出预测提供理论支撑。

3.1　平顶山矿区瓦斯赋存构造控制规律研究

平顶山矿区位于华北板块南缘,是严重的煤与瓦斯突出矿区,现有开采煤矿 17 座,均为高瓦斯或突出矿井,主采煤层主要为己组、戊组和丁组煤层,共发生煤与瓦斯突出 154 次,见表 3-1[171]。平顶山矿区属于中国煤矿瓦斯赋存区域地质构造控制特征 10 种类型中的造山带推挤作用型。

表 3-1　平顶山矿区瓦斯地质特征表

矿井名称	瓦斯等级	始突深度(标高/埋深)/m	突出次数	工作面最大瓦斯涌出量/(m³/min)	最大突出强度/(t/次,m³/次)标高/m|埋深/m	最大瓦斯含量/(m³/t)标高/m|埋深/m	最大瓦斯压力/MPa标高/m|埋深/m
一矿	突出	−360/640	1	27.7	$\dfrac{2,420}{-360\mid640}$	$\dfrac{5.5}{-700\mid800}$	$\dfrac{1.76}{-758\mid938}$
二矿	突出	−413/760	1	15.7	$\dfrac{39,2\,900}{-413\mid760}$	$\dfrac{6.08}{-412.7\mid730}$	$\dfrac{0.59}{-425\mid730}$

表 3-1(续)

矿井名称	瓦斯等级	始突深度（标高/埋深）/m	突出次数	工作面最大瓦斯涌出量/(m³/min)	最大突出强度/(t/次,m³/次) 标高/m|埋深/m	最大瓦斯含量/(m³/t) 标高/m|埋深/m	最大瓦斯压力/MPa 标高/m|埋深/m
三矿	瓦斯	—	0	2.5	—	—	—
四矿	突出	−417/—	13	14.08	$\dfrac{72,2\,050}{-418\mid740}$	$\dfrac{11.89}{-418\mid720}$	$\dfrac{2.4}{-418\mid785}$
五矿	突出	−224/340	13	22.0	$\dfrac{123,9\,800}{-537\mid873}$	$\dfrac{16.64}{-425\mid693}$	$\dfrac{2.7}{-650\mid985}$
六矿	突出	−476/550	3	13.15	$\dfrac{48,840}{-570\mid700}$	$\dfrac{15.28}{-279\mid600}$	$\dfrac{3.09}{-413\mid659}$
七矿	瓦斯	—	—	6.91	—	—	—
八矿	突出	−348/424	40	33.33	$\dfrac{562,65\,000}{-550\mid840}$	$\dfrac{21.4}{-333.1\mid-}$	$\dfrac{2.5}{-681\mid788}$
九矿	突出	−315	1	25.55	$\dfrac{35,300}{-347.5\mid454}$	$\dfrac{10.19}{618\mid716}$	$\dfrac{1.60}{618\mid716}$
十矿	突出	−247/420	50	17.34	$\dfrac{2\,243,47\,509}{-621\mid907}$	$\dfrac{27.2}{-612\mid831}$	$\dfrac{3.5}{-570\mid945}$
十一矿	突出	—	0	14.13	—	$\dfrac{9.24}{-742.5\mid920}$	$\dfrac{3.2}{-742.5\mid920}$
十二矿	突出	−207/370	27	28.62	$\dfrac{293,25\,704}{-551\mid731}$	$\dfrac{25.64}{-374\mid504}$	$\dfrac{2.85}{-780\mid1\,080}$
十三矿	突出	−510/595	4	15.8	$\dfrac{1\,133,308\,557}{-533\mid617}$	$\dfrac{18.71}{-708\mid804}$	$\dfrac{3.6}{-505\mid588}$
香山矿	瓦斯	—	0	1.36	—	$\dfrac{2.84}{-233\mid440}$	$\dfrac{0.52}{-210\mid426}$
首山一矿	突出	−600/780	1	15.15	$\dfrac{50,3\,000}{-600\mid780}$	$\dfrac{19.5}{-675\mid833}$	$\dfrac{6.61}{-550\mid651}$

3.1.1　矿区构造应力场演化及控制特征

平顶山矿区位于华北板块南缘-秦岭造山带北缘逆冲断裂褶皱带的渑池-宜阳-鲁山-平顶山-舞阳段（图 3-1）[172]。其特点是具有典型的华北型早前寒武纪结晶基底和中元古代以来的盖层结构，是在前寒武纪基底基础上卷入秦岭造山作用的原华北板块南缘部分。该区盖层变质变形与岩浆活动向造山带方向逐渐增强。

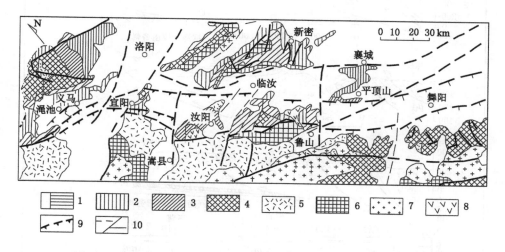

1—中新生界；2—上古生界-三叠系；3—下古生界；4—中上元古界；5—中元古界熊耳群；
6—下元古界和太古界；7—侵入岩；8—新生代基性火山岩；9—逆冲推覆断层；10—断层。

图 3-1　秦岭北缘逆冲推覆构造系渑池-舞阳区段地质简图（据张国伟，2001）

晚海西期至早印支期，受北部西伯利亚板块的推挤作用，华北板块与扬子板块碰撞拼接，秦岭大别造山带开始隆起[173]。

印支期以来，矿区主要受秦岭造山带的控制和改造，主要表现为燕山中期秦岭造山带北缘边界断裂发生由南西向北东指向造山带外侧的强烈逆冲推覆（图 3-2）。

来自南西侧的推挤力使平顶山矿区发生了逆冲推覆断裂褶皱作用，形成了一系列北西-北西西向构造，如锅底山断裂和李口向斜等，如图 3-3、图 3-4 所示。李口向斜枢纽朝 N51°W 倾伏（6°~12°），南东端收敛仰起，向斜北东翼倾角 8°~24°，南西翼倾角一般为 10°~25°，反映了推挤力来自南西向北东。郭庄背斜和牛庄向斜翼部揭露小断层多为断层面向南西倾斜向北东逆冲的逆断层，也反映了构造作用力来自南西向北东的推挤力。

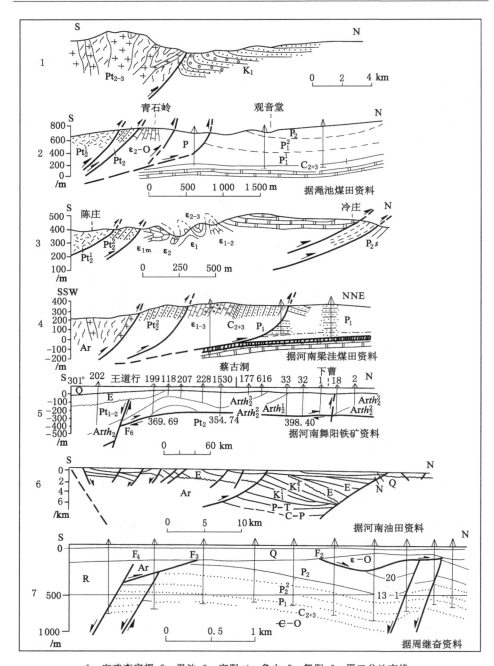

1—宝鸡李家楞;2—渑池;3—宜阳;4—鲁山;5—舞阳;6—周口盆地南缘。

图 3-2　秦岭造山带北缘逆冲推覆各地段构造剖面(据张国伟,2001)

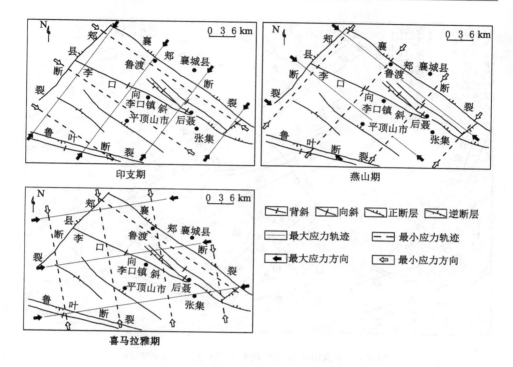

图 3-3　平顶山矿区构造应力场

几乎同时期,受太平洋板块向北北西向俯冲作用,平顶山矿区又叠加了北北东-北东向构造。北北东向断裂表现为左行压扭,一系列北西-北西西向逆断层由于差异升降活动反转为正断层。

燕山末期至喜马拉雅早期,华北板块处于引张、裂陷、伸展的地球动力学背景,平顶山矿区表现为一个四周坳陷、中间拱托的宽条带状隆起的块体,北东向、北北东向断裂表现为右行张扭性活动。郏县断裂、洛岗断裂和霍堰断裂等反转为正断层。

3.1.2　矿区瓦斯赋存地质构造逐级控制特征

平顶山矿区位于华北板块南缘-秦岭造山带北缘逆冲断裂褶皱带,既受华北板块控制,又受秦岭造山带逆冲断裂褶皱带的控制,瓦斯赋存区域地质构造控制类型属于造山带推挤作用控制型。该区石炭-二叠纪含煤地层沉积后,经历了印支、燕山和喜马拉雅三期构造运动。印支期以来,受秦岭造山带的控制和改造。尤其燕山中期,受秦岭造山带北缘逆冲断裂褶皱带由南西向北东逆冲推覆作用,

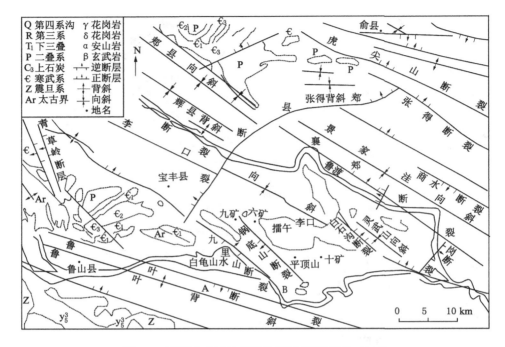

图 3-4　平顶山矿区地质构造简图(据张子敏,2009)

矿区内形成了一系列北西、北西西向构造。在此过程中,破碎煤体形成构造煤。几乎同时期,矿区又叠加了北东、北北东向构造。北东、北北东向构造表现为左行压扭性活动,有利于构造煤形成;一系列北西、北西西向逆断层由于差异升降活动反转为正断层,利于瓦斯部分逸散。燕山末期至喜马拉雅早期,矿区表现为隆升伸展活动,北东、北北东向断裂表现为右行张扭性活动,利于瓦斯部分逸散;北西、北西西向断裂表现为左行压扭性活动,利于形成构造煤与瓦斯保存。

　　北西、北西西向构造与北东、北北东向构造相比受挤压作用时间长、活动剧烈,全矿区发育,是平顶山矿区瓦斯赋存的主控构造,控制着矿区高瓦斯、突出区分布,也是矿区北西、北西西向断层附近构造煤比北东、北北东断层附近发育的根本原因,北东、北北东向正断层仅落差大于 1 m 时,才有少量的Ⅲ类煤发育;而北西、北西西向的断层附近构造煤都比较发育,逆断层附近煤体的破坏程度及发育厚度大于正断层。矿区东部北西、北西西向构造尤其褶皱构造较西部发育,是矿区瓦斯赋存表现为东高西低和东部矿井突出强度、频率远远大于西部矿井的根本原因。矿区共发生煤与瓦斯突出 154 次,其中东部发生 122 次,占总突出次数的 79.2%。平顶山矿区最大突出煤岩量 2 243 t,瓦斯量 47 509 m³,发生在东部的十矿；最大突出瓦斯量 308 557 m³、煤岩量 1 133 t，发生在东部的十三矿。平顶山矿区现代构造应力场主压应力为近东西向，北西、北西西向构造左行压扭，北东、北东东向构造右行张扭，所以在这些地质构造附近，构造应力集中易发生瓦斯突出事故，两者复合部位更加严重。

3.1.3　矿区瓦斯地质单元

区域构造、矿区构造和矿井构造的逐级控制使平顶山矿区瓦斯赋存分布表现出分区分带性，依据平顶山矿区内 15 对矿井的瓦斯地质资料（表 3-1），分析矿井瓦斯赋存分布特征和相应的构造差异，将平顶山矿区以一矿井田为界，划分为东、西两个瓦斯地质单元，西半部主要包括一矿西部、二矿、三矿、四矿、五矿、六矿、七矿、九矿、十一矿、香山矿；东半部主要包括一矿东部、八矿、十矿、十二矿、十三矿和首山一矿，如图 3-5 所示。

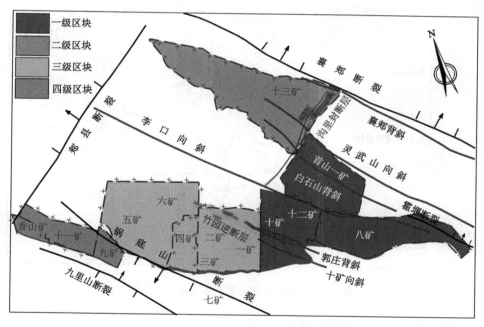

图 3-5　平顶山矿区构造纲要及分区示意图

（1）矿区西部瓦斯地质单元

锅底山断层倾向西南，延展长度 3 700 余米，对矿区西部井田的瓦斯赋存起着重要的控制作用，断层南西盘北西和北西西向的次级断裂比较发育，且南西盘为形成早期逆断层的上升盘，后期遭受拉张形成正断层的下降盘，造成断层附近煤体破碎,构造煤较发育;断层北东盘遭受北东-南西向的挤压比南西盘相对较弱,而遭受北西-南东向的同步拉张作用相对较强,为相对构造简单区,煤层破坏轻微。

锅底山断层南西盘分布有七矿、九矿和十一矿。五矿邻近断层南西盘的区域煤与瓦斯突出严重,五矿 13 次煤与瓦斯突出,12 次发生在该区;九矿、十一矿和香山矿受锅底山断层影响,随其距断层距离的增大而依次减小,瓦斯含量逐渐降低。

矿区西半部锅底山北东盘分布有一矿、二矿、三矿、四矿、五矿、六矿,位于锅底山断层以东、李口向斜南翼、郭庄背斜以西,是矿区构造相对简单区,区域内无大的控制性构造,煤层瓦斯主要受埋藏深度和上覆基岩控制,如图 3-6、图 3-7所示。

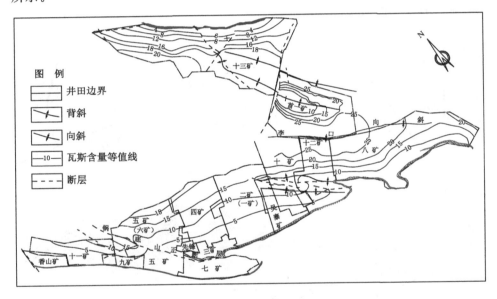

图 3-6　平顶山矿区己组瓦斯含量等值线图

（2）矿区东部瓦斯地质单元

受李口向斜和牛庄逆断层等一系列北西西-北西向展布为主的逆冲推覆断裂褶皱构造带控制,该区构造复杂,煤层破坏强烈,构造煤极为发育,厚度一般在1 m 以上,瓦斯含量高,煤与瓦斯突出严重,该区共发生煤与瓦斯突出 122 次,占总突出次数的 79.2%。

矿区最东部的八矿井田既有北西向展布的任庄断裂、张湾断裂,又有北东向

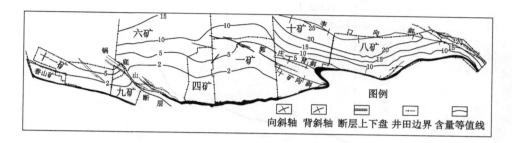

图 3-7　平顶山矿区戊组瓦斯含量等值线图

展布的辛店断裂,井田构造极为复杂,煤层破坏强烈,构造煤极其发育,厚度一般在 1 m 以上,八矿戊、已组煤层已发生煤与瓦斯突出 40 次,占东部矿区煤与瓦斯突出总次数的 32.8%。

　　矿区东部首山一矿位于李口向斜北翼,井田为受北西西向展布的白石山背斜和灵武山向斜控制的褶皱带,煤层压力大,已$_{15-17}$煤层实测最大压力为 6.61 MPa,为矿区压力最大值。

　　矿区东部十三矿井田位于李口向斜北翼西部,受北西西向展布的白石山背斜、灵武山向斜和兴国寺断层、张庄断层的控制,井田煤层瓦斯东南部大、西北部小,浅部低、深部高,发生的 4 次煤与瓦斯突出全部位于东南部,主要受褶曲构造的控制。

　　(3) 矿区东西部瓦斯赋存情况比较

　　① 矿区东西部煤层瓦斯含量分布

　　通过分析矿区 671 个实测瓦斯含量数据(图 3-8),东西部瓦斯含量总体分布特征如下:

　　由图 3-8(a)可以看出,平顶山矿区东西部瓦斯赋存差别十分明显,东部矿区瓦斯含量明显大于西部矿区。由图 3-8(b)可以看出,东部矿井瓦斯含量曲线从左至右分别为八矿、十矿、十二矿、十三矿、首山一矿,西部矿井从左至右分别为一矿、二矿、四矿、五矿、六矿、七矿,东部矿井明显比西部矿井瓦斯含量大,尤其是十矿瓦斯含量最大,最高达 27.2 m³/t,其次是八矿、十三矿、十二矿。西部瓦斯含量普遍比东部小,瓦斯含量最大值为五矿邻近锅底山断层南西盘区域,8 m³/t 以下的瓦斯含量测点占西部矿区全部测点的 91.72%,东部矿区 8 m³/t 以下的瓦斯含量测点占东部矿区全部测点的 59.46%。东西部瓦斯含量分布特点如图 3-9 所示。

　　② 矿区东西部煤与瓦斯突出分布

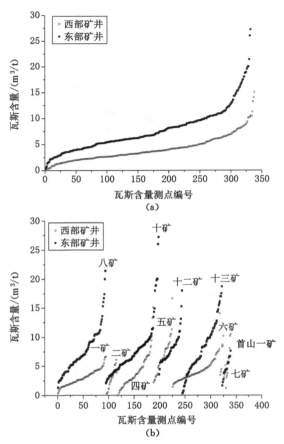

图 3-8 平顶山矿区各矿瓦斯含量对比图

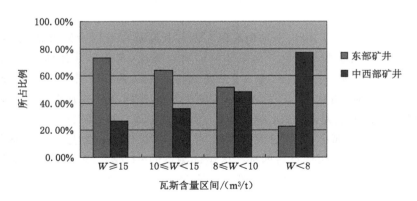

图 3-9 平顶山矿区东西部瓦斯含量分布柱状图

通过分析矿区己组煤层突出煤量、瓦斯量(图 3-10),得出东西部煤与瓦斯突出分布特征如下:

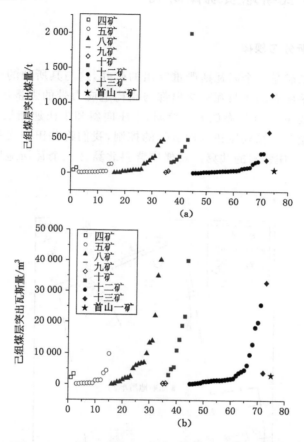

图 3-10　平顶山矿区己组煤层突出煤量、瓦斯量对比图

由图 3-10 可以看出,八矿、十矿、十二矿、十三矿煤与瓦斯突出最严重,己组煤层 75 次突出中最大突出煤量 2 000 t,发生在十矿,一次最大突出瓦斯量 30.86 万 m³,发生在十三矿,而四矿、五矿、九矿则没有东部矿区突出严重,四矿、五矿突出煤量几乎全部在 100 t 以下,一矿、二矿、三矿、六矿、七矿己组煤层没有发生突出。

己组煤层平均突出煤量 145.77 t,各矿瓦斯突出煤量总体在 500 t 范围内,突出瓦斯量总体在 4.0 万 m³ 范围内,己组煤层瓦斯突出强度明显大于戊组、丁组。

3.2 十二矿瓦斯地质规律研究

3.2.1 矿井瓦斯分布规律

平顶山十二矿是一个高瓦斯严重突出的矿井,这与其所处的构造位置有着密切关系。几乎所有的煤与瓦斯突出都与高构造应力带的强挤压、剪切作用有关。由于受北西-南东向展布的郭庄背斜、牛庄向斜和牛庄逆断层、F_2 逆断层和原十一矿逆断层等一系列压扭性构造带的控制,我们将井田分成牛庄向斜南翼区、牛庄向斜和郭庄背斜的共翼区及郭庄背斜北翼区三个瓦斯地质单元进行研究,如图 3-11 所示。

图 3-11 平顶山十二矿构造纲要图

（1）牛庄向斜南翼区

牛庄向斜南翼区属单斜构造，煤层埋藏浅，瓦斯易于排放，瓦斯含量低，压力小；开采时瓦斯涌出量较小，没有发生过煤与瓦斯突出。

（2）牛庄向斜与郭庄背斜共翼区

牛庄向斜和郭庄背斜的共翼区构造复杂，瓦斯含量高，瓦斯压力大，目前发生的 20 次煤与瓦斯突出全部发生在挤压破坏带内。

（3）郭庄背斜北翼区

瓦斯赋存分布规律受郭庄背斜和李口向斜共同控制。在煤层底板标高 $-350 \sim -600$ m 范围内，己$_{15}$ 煤层倾角大、煤层厚度大，煤层厚度为 3.5～4.5 m，瓦斯含量高、瓦斯压力大，煤与瓦斯突出严重，在该区已发生煤与瓦斯突出 14 次；在 -600 m 下部，煤与瓦斯突出危险性逐渐增大。

因为牛庄向斜南翼区、牛庄向斜与郭庄背斜共翼区两个区域煤层已基本开采完毕，所以主要针对郭庄背斜北翼区瓦斯地质单元进行瓦斯含量预测。

为了准确预测瓦斯含量分布，统计分析了十二矿己$_{15}$、己$_{16-17}$ 煤层测试的原始瓦斯含量。依据表 3-2 中瓦斯含量测试结果，对其与煤层埋深、上覆基岩厚度和底板标高三者的关系进行回归分析建立了回归方程，如图 3-12 所示。

表 3-2　十二矿瓦斯含量统计表

煤层	地点	底板标高/m	埋深/m	上覆基岩厚度/m	瓦斯含量/(m³/t)
己$_{15}$	己七轨下	-370	490	480	13.09
己$_{15}$	己七-17140 机巷	-324	494	415	12.29
己$_{15}$	己$_{14}$-17200 低抽巷	-566	795	740	18
己$_{16-17}$	己$_{15}$-17200 进风巷距开口向里 400 m	-579	750	710	8.31
己$_{16-17}$	己$_{14}$-17200 底抽巷距开口向里 568 m	-553	736	670	8.1929
己$_{16-17}$	己$_{15}$-17220 底抽巷距开口向外 29 m	-588	808	790	8.63
己$_{15-16}$	己$_{15}$-24100 机巷车场	-649	—	885	20.037 4
己$_{15-16}$	己$_{15-16}$-30010	-676	993	920	26
己$_{15-16}$	己$_{15-16}$-24090	-612	—	850	27.2
己$_{15-16}$	己$_{15-16}$-24070 附近	-350	530	520	10.2
己$_{15-16}$	己$_{15-16}$-24070	-430	—	600	14.9
己$_{15-16}$	己$_{15}$-24020 附近东部合层处	-466	680	630	18
己$_{15-16}$	己四钢缆	-703	1 117	920	19.8

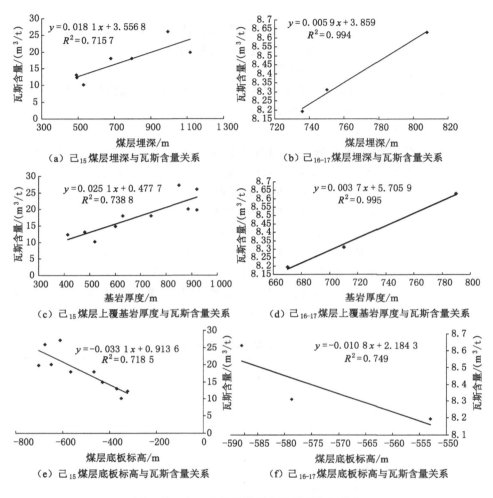

图 3-12　十二矿煤层瓦斯含量回归分析趋势

通过以上定量分析，可以看出己$_{15}$、己$_{16-17}$煤层底板标高、埋深以及上覆基岩厚度与煤层瓦斯含量都具有较好的相关性。为了准确预测瓦斯含量分布，可以利用己$_{15}$、己$_{16-17}$煤层上覆基岩厚度与瓦斯含量的回归关系预测煤层瓦斯含量。

3.2.2　矿井煤与瓦斯突出构造控制特征

十二矿是一个高瓦斯且严重突出的矿井，共发生煤与瓦斯突出 27 次，动力现象 9 次，受地质构造的控制，井田内煤与瓦斯突出表现高度的分带性，煤与瓦斯突出分布如图 3-13 所示。

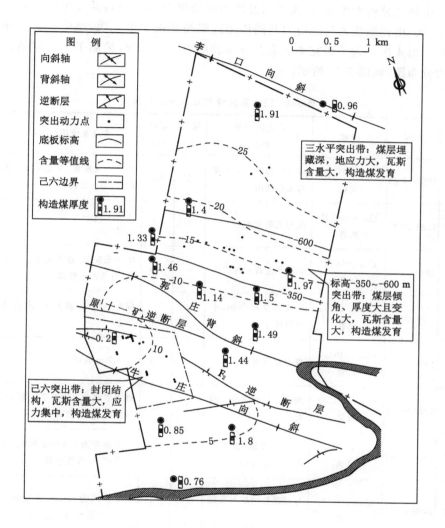

图 3-13　十二矿煤与瓦斯突出分布

（1）构造对瓦斯突出分布的控制

地质构造是控制瓦斯突出带的主导因素。牛庄向斜和郭庄背斜的共翼区地质构造较发育，发育有牛庄逆断层、F_2 逆断层、原十一矿逆断层等三条大中型逆断层和一系列次级小断层，构造煤大量发育，应力集中。位于其间的已六采区，煤层底板标高 $-250 \sim -350$ m，煤层埋深 $350 \sim 450$ m，但瓦斯含量大，瓦斯涌出量为 $15 \sim 20$ m³/min，煤与瓦斯突出严重。已发生 16 次突出及 4 次动力现象。

由统计分析发生的 20 次突出及动力现象可知（表 3-3）：共发生煤与瓦斯压出 10 次，由瓦斯压力与地应力共同作用的煤与瓦斯突出 2 次，地应力起主导作用的突出 4 次。为了研究本区应力分布和应力集中情况，绘制了十二矿最大主应力分布图，如图 3-14 所示。

表 3-3 己六采区煤与瓦斯突出情况

序号	时间	位置	突出类型及分析意见	倾角/(°)	煤厚/m	煤质及地质构造叙述
1	1989-01-03	己$_{15-17}$-16101 风巷	以地应力为主导的煤与瓦斯压出	4	5.5	煤质为全粉煤，层理紊乱，颜色暗淡，无地质构造
2	1989-02-13	己$_{15-17}$-16101 机巷	煤与瓦斯突出	4	5.5	有一倾角 5.5°、落差 2.5 m 的正断层
3	1989-03-03	己$_{15-17}$-16101 风巷	爆破引起煤的压出	4	5.5	赋存无变化，煤质较软，层理紊乱，有 0.2 m 软煤
4	1989-03-07	己$_{15-17}$-16101 风巷	地应力重新分布，小型煤体压出	4	5.5	煤质中硬，层理紊乱，未有地质构造
5	1989-03-18	己$_{15-17}$-16101 机巷	煤与瓦斯压出	4	5.5	有 0.2 m 软煤
6	1989-03-22	己$_{15-17}$-16101 风巷	地应力与构造应力引起压出	4	5.5	处于落差为 0.4 的正断层，顶板较破碎，煤质松软
7	1989-04-02	己$_{15-17}$-16101 风巷	未及时找顶，掘进过程中引起垮顶	4	5.5	处于落差为 3.5 的正断层，煤层破坏严重，煤质松软
8	1989-05-15	己$_{15-17}$-16101 切眼	爆破诱导的煤与瓦斯压出	4	5.5	位于落差为 1.2 m 的正断层的上盘，煤层节理发育，煤层软
9	1989-05-22	己$_{15-17}$-16101 切眼	地质构造影响的小型压出	4	5.5	位于一落差为 0.7 m 的正断层，节理紊乱，煤质松软
10	1989-05-24	16101 炮采切眼	地应力和构造应力引起压出	4	5.5	位于一落差为 1.7 m 的正断层上盘，节理紊乱，煤质松软
11	1990-11-04	己$_{15-17}$-16041 风巷	动力现象，生产工艺瓦斯超限	5	>6	无构造，煤厚正常

表 3-3(续)

序号	时间	位置	突出类型及分析意见	倾角/(°)	煤厚/m	煤质及地质构造叙述
12	1990-11-20	己$_{15\text{-}17}$-16041 风巷	煤与瓦斯压出	>5	>5.5	煤层倾角突然变陡
13	1991-01-22	己$_{15\text{-}17}$-16041 风巷	煤与瓦斯压出	2	0.8	突出点外 10 m 有一落差为 3.5 m 的逆断层,煤层较薄,位于牛庄向斜北翼
14	1992-10-10	己$_{15\text{-}17}$-16081 机巷	动力现象,少量瓦斯参与的煤体片帮	<8	2.2	受构造应力作用形成煤层内断层,使煤厚由 6 m 变薄至 2.2 m,破坏类型为 V 类
15	1992-10-14	己$_{15\text{-}17}$-16081 机巷	煤体自重为主的煤与瓦斯倾出	36	3.6	突出点有三条断层,突出点以里是煤层变厚区,构造煤发育,倾角变化5°~36°
16	1992-10-21	己$_{15\text{-}17}$-16041 风巷	煤体自重为主的煤与瓦斯倾出	36	>6	煤厚由 3 m 增大至 6 m,煤层倾角急剧变化达 36°,煤层破坏严重,构造煤发育
17	1993-02-12	己$_{15\text{-}17}$-16081 风巷	煤与瓦斯突出	5	4.3	位于牛庄向斜北翼,次级向斜转折部位
18	1993-02-21	己$_{15\text{-}17}$-16081 切眼	煤与瓦斯突出	5	>5	前方 3.5 m 处遇落差 6 m 的逆断层,前方为上盘,煤变薄,断层面岩石破碎
19	2003-06-25	16140 风巷	瓦斯压力和地应力主导的动力现象	5	5.5	前方 14 m 有一落差为 2.5 m 的正断层,煤体破坏强烈,层理不清,裂隙节理发育
20	2003-07-04	16140 风巷	瓦斯压力和地应力主导的动力现象	5	5.5	前方 15 m 有一落差为 2.5 m 的正断层,煤体破坏强烈,为Ⅳ、Ⅴ类煤

由图 3-14 可知,在断层尖灭处应力值最高,由断层尖灭处交汇部位向外,应力值逐渐降低,到应力值稳定时,其大小在 10 MPa 左右,应力值相差 1~2 倍。本区 20 次煤与瓦斯突出及动力现象均分布在断层尖灭处,与应力分布相吻合;本区一系列北西-北西西向构造的共同作用造成应力集中,构造煤发育,形成高

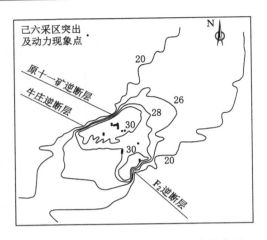

图 3-14　十二矿最大主应力分布等值线图

瓦斯带,煤与瓦斯突出严重。

（2）煤层变化对突出分布的控制

郭庄背斜北翼已发生煤与瓦斯突出 10 次、动力现象 4 次（表 3-4）,其中在煤层厚度陡变区发生突出 3 次,煤层倾角陡变区发生突出 5 次,煤层变薄带发生动力现象 3 次,表明煤层厚度、倾角变化对突出起到一定的控制作用。

表 3-4　标高－350～－600 m 区域煤与瓦斯突出构造情况

序号	时间	位置	突出类型及分析意见	倾角/(°)	煤厚/m	煤质及地质构造叙述
1	1995-09-02	己$_{15}$-17171联络巷	煤与瓦斯压出	29	3.5	煤层倾角变陡带
2	1995-11-25	己$_{15}$-17160机巷	煤与瓦斯倾出	30	3.5	遇一落差 1.5 m 正断层,煤层厚度增厚,层间距变薄,倾角变陡,顶底板变碎
3	1995-12-17	己$_{15}$-17160机巷	煤与瓦斯倾出	30	3.5	位于煤层倾角变陡带内,倾角变陡,顶底板岩石变碎
4	1996-04-10	己$_{15}$-17171联络巷	煤与瓦斯压出	26	3.5	煤层倾角变陡带
5	1996-12-27	己七轨道下山	瓦斯压力和地应力为主的煤与瓦斯突出	13	3.5	地质条件简单,煤层硬度较大,产状正常,顶板较碎

表 3-4(续)

序号	时间	位置	突出类型及分析意见	倾角/(°)	煤厚/m	煤质及地质构造叙述
6	2002-07-29	己$_{15}$-17150 外切眼	煤与瓦斯压出	31	3.5	断层歼灭处,切眼下口有一落差 2.4 m 的逆断层,煤层倾角由 13° 变为 31°
7	2003-05-13	己$_{15}$-17190 机巷	瓦斯压力和地应力主导的动力现象	13	3.1	地质条件简单,煤层层理清晰,硬度较大,顶板完好,煤厚较前变薄
8	2003-07-10	己$_{15}$-17190 机巷	瓦斯压力和地应力主导的动力现象	15	3.2	地质条件简单,层理清晰,较暗,顶板较破碎
9	2004-07-15	己$_{15}$-17180 机巷	动力现象	25	1~1.6	处于构造煤带,煤层变薄,煤体变软,倾角变化不大,为 Ⅳ、Ⅴ 类煤
10	2004-08-08	己$_{15}$-17180 机巷	煤与瓦斯突出	25	0.8~3.5	构造煤带,煤层赋存不稳定,煤厚在 0.8~3.5 m 之间
11	2004-09-19	己$_{15}$-17180 机巷	动力现象	33	1.4	处于煤层变薄带,层间断裂褶曲较发育,煤层倾角变化较大
12	2005-01-10	己$_{15}$-17180 机巷	瓦斯压力和地应力作用下的煤与瓦斯压出	23	3.2	迎头有一落差 0.7 m 的正断层
13	2005-03-05	己$_{15}$-17180 外机巷	煤与瓦斯突出	26	0.8~1.2	处于薄煤带区域,煤层倾角 26°,前方煤体呈逐渐变厚趋势
14	2006-10-27	己$_{15}$-17180 采面	煤与瓦斯压出	28	3.0	有落差 0.6 m 的正断层,煤层倾角由陡变缓

(3) 煤层埋深对突出分布的控制

随着煤层埋藏深度的增加,地应力增高,围岩的透气性降低,瓦斯向地表运移的距离也相应增大,这种变化有利于瓦斯的赋存,因此随着煤层埋深的增加,发生煤与瓦斯突出的可能性及强度也增大。

十二矿自从进入三水平采区以来,已经发生了 2 次煤与瓦斯突出(表 3-5),2次煤与瓦斯突出地点都无明显的地质构造,均是地应力引起的煤与瓦斯突出。

因此,深部开采时,地应力成为煤与瓦斯突出的主控因素。

表 3-5　三水平煤与瓦斯突出情况

序号	时间	底板标高 /m	位置	突出类型	倾角 /(°)	煤厚 /m	地质构造叙述
1	2005-06-29	−730	三水平回风下山	地应力引起的岩石和煤与瓦斯压出	14	3.5	无明显地质构造
2	2006-03-19	−755	己$_{15}$-17310机巷	冲击地压引起的煤与瓦斯突出	12	3.5	无明显地质构造

3.3　现代应力作用下褶皱对煤与瓦斯突出的影响

在煤层深部,地应力逐渐成为影响煤与瓦斯突出的主控因素。本节在系统总结平顶山矿区地应力分布规律的基础上,探讨了构造应力对构造煤形成、瓦斯赋存及瓦斯突出的控制作用,并重点剖析了现代应力作用下褶皱对煤与瓦斯突出的影响。

3.3.1　平顶山矿区地应力分布规律

根据空心包体式钻孔三向应变计测定的平顶山矿区一矿、八矿、十矿、十二矿的地应力参数(表 3-6)可以看出:

(1)最大主应力位于水平方向,倾角一般不超过 20°,说明矿区以水平构造应力场为主。

(2)最大主应力为最小主应力的 1.33～2.84 倍。

(3)最大主应力随着埋深的增加呈线性增大,如图 3-15 所示。

(4)地应力测试结果反映了各期构造主应力场方向和现代构造应力场。印支期至燕山中期,矿区构造应力场最大主应力为北东-南西向,燕山中晚期构造应力场最大主应力为北西向,喜马拉雅期以来及现代构造应力场最大主应力为近东西向。

3.3.2　现代构造应力场对瓦斯突出的影响

由于瓦斯突出现象的复杂性,瓦斯突出机理仍停留在假说阶段,目前普遍认为煤与瓦斯突出是地应力、包含在煤体中的瓦斯及煤体自身物理力学性质三者综合作用的结果。表面上看,三者彼此独立、互不影响,其实构造应力将三者联

表 3-6　平顶山矿区地应力测试结果统计表

测点位置	测点深度 /m	最大主应力 σ_1			中间主应力 σ_2			最小主应力 σ_3		
		数值 /MPa	方位 /(°)	倾角 /(°)	数值 /MPa	方位 /(°)	倾角 /(°)	数值 /MPa	方位 /(°)	倾角 /(°)
十矿己15-24100车场外段	1 061	44.1	60.4	−1.8	28.4	155.3	−71.6	24.2	149	17.5
十矿己15-24080高位巷外孔	793	36.2	60.3	15	25.1	49.3	−73.6	19.1	330	3.4
十矿东区戊组轨道下山	869	44.3	61.5	−5.6	26.1	330.3	−8.8	18.5	6.1	79.4
十矿-320 m行人石门	514	29.3	49.1	−6.8	18.3	137.4	−16.9	17.1	160	72.2
十矿中区戊8-30010外段	914	40.2	43.1	−7.8	28.3	132.2	2.3	14.2	27.5	81.4
八矿二水平戊二轨道上山	—	13.74	282.1	−16.8	11.61	191.6	−1.9	7.91	95.4	−73.1
八矿二水平戊二回风上山	—	16.70	332.7	−18.3	12.25	238.4	−12.7	9.09	115.5	−67.5
八矿-430 m轨道大巷中部车场	495.4	28.10	119.23	−0.43	12.46	28.49	−59.68	5.97	209.50	−30.31
八矿己15-14140采面底抽巷	807.3	34.15	224.25	3.02	22.38	343.87	72.47	14.69	153.31	17.25
八矿三水平胶带下山	602.9	29.06	251.71	6.54	17.90	5.03	73.84	10.22	159.98	14.71
十二矿三水平己14-31010机巷	770	41.34	255.04	−2.63	19.28	335	75.25	17.32	165.72	14.49
十二矿三水平轨道下山	830	48.25	122.89	−4.10	20.98	44.34	70.13	18.84	211.45	19.41
十二矿三水平胶带下山	620	33.46	110.24	−5.39	16.94	21.5	−81.93	11.81	200.80	−5.98

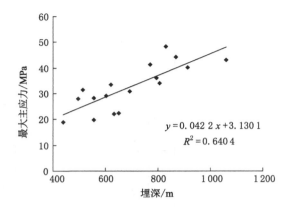

图 3-15　最大主应力与埋深的关系

系了起来。古构造应力从产生动力变质、控制煤层内瓦斯的运移和赋存条件到破坏煤体结构和强度三个方面影响瓦斯赋存;现代构造应力则直接参与瓦斯突出过程。

瓦斯压力、地应力和煤体结构之间存在复杂的关系,其相互之间的影响作用如图 3-16 所示。

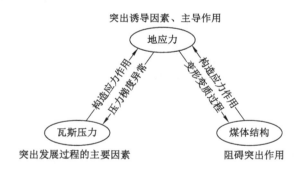

图 3-16　突出"三要素"的相互作用关系

高地应力是发生煤与瓦斯突出的第一个必要条件。在构造破坏带,即使深度不大,围岩中也可能存在很高的构造应力,具有发生突出的有利条件。地应力对煤体结构和瓦斯压力均起到控制作用,即高地应力场对瓦斯压力场起着控制作用,较大的构造应力是造成高地应力的决定性因素,高构造应力决定了高瓦斯压力的存在;构造应力控制区域的煤层,煤体结构遭受破坏,煤体强度降低。因此,我们认为地应力在突出事故中起主导控制作用,是发动突出的主要动力,也是高压瓦斯存在的前提。

　　为了更直观地揭示这一规律,本书将平顶山矿区八矿、十矿、十二矿记录的 119 次突出按时间顺序进行比较,如图 3-17 所示。图 3-17(a)所示为各煤层每次突出的瓦斯量对比,图 3-17(b)所示为各煤层每次突出的煤量对比,从中可以发现丁、戊、己组煤层的突出煤量、瓦斯量、强度逐渐增大,己组突出最为严重。

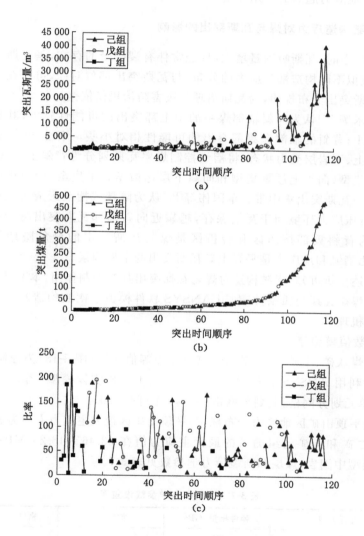

图 3-17　每次突出的瓦斯量、煤量及其二者比值对比图

图 3-17(c)显示,己组的突出吨煤瓦斯涌出量(即每次突出瓦斯量与煤量比值)最小。笔者认为,一定程度上比值越大说明突出过程中瓦斯起到的作用越大,比值越小说明突出过程中地应力起到的作用越大,从而导致突出更多的煤。从丁组到戊组随着煤层埋深的增加,封闭性变好,瓦斯起到的作用增大,戊组到己组煤层,地应力起到的作用在增加。

3.3.3 褶皱构造应力对煤与瓦斯突出的影响

应力集中时,瓦斯吸附量增大,且经常伴有裂缝带的存在,是瓦斯突出的高发部位,模拟不同构造部位应力的分布,与瓦斯突出部位对照,可以在一定程度上解释瓦斯突出分布规律,为瓦斯治理与灾害防治提供依据。

谭学术等[174]认为向斜轴部煤系的中上部突出的可能性较大,其翼部突出的可能较小;背斜的轴部和翼部突出的可能性相对小些。康继武[175]分析了褶皱中和面上、下岩层受力状态,将褶皱控制煤层瓦斯划分为背斜上层逸散型、背斜下层聚集型、向斜上层聚集型和向斜下层逸散型。王生全等[176]指出扭褶构造带是煤与瓦斯突出集中带。董国伟等[177]认为隔挡式褶皱形成过程中形成了构造煤,挤压应力环境利于瓦斯保存,越靠近向斜轴部瓦斯突出越严重。程军等[178]认为背斜翼部挤压区和转折区是煤与瓦斯突出的最危险地带。解振等[179]认为褶皱和地应力是平煤十矿瓦斯突出的主控因素。

从上述分析可知,褶皱构造对煤与瓦斯突出具有控制作用,本节结合平顶山东部三个煤矿瓦斯地质条件,利用 ANSYS 软件模拟了褶皱构造对煤与瓦斯突出的控制机理。

(1) 数值模型建立

以平煤八矿、十矿、十二矿己组煤层埋深等值线图(图 3-18)为控制,考虑主要断层后利用 ANSYS 软件建立八矿、十矿、十二矿实体模型(图 3-19)。选择 Solid45 单元划分网格,共划分网格 99 446 个(图 3-20)。

根据平顶山矿区地应力分布规律,平顶山矿区最大主应力方向为近东西向,十矿、十二矿和八矿己组测试的最大主应力值在 33.46~48.25 MPa 之间,见表 3-6,模型中围岩、煤层和断裂带力学参数见表 3-7。

表 3-7 模型中力学参数设置表

岩石类型	弹性模量/GPa	泊松比	密度/(g/cm³)
煤层	1.5	0.3	1.38
断层	1.3	0.25	2.0
围岩	4.5	0.2	2.8

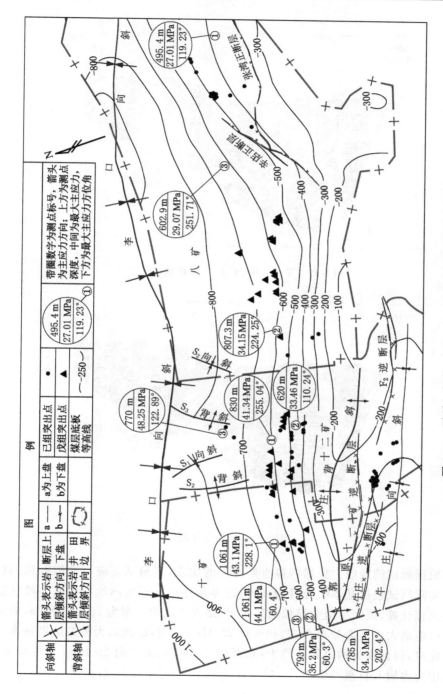

图 3-18 平顶山八矿、十矿、十二矿地应力测试点分布图

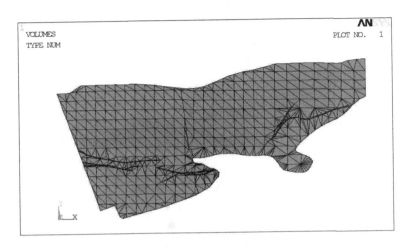

图 3-19　平煤八矿、十矿、十二矿实体模型

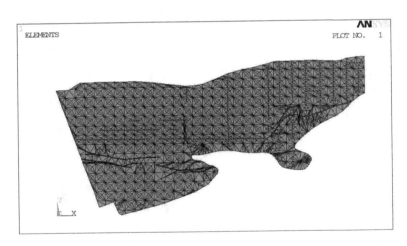

图 3-20　网格划分图

根据测试的地应力数据调整边界应力的加载,当测试点应力模拟得到的数据与实际测试数据基本吻合时,此时的边界条件更接近实际地质情况。经反复调整模拟计算,最大主应力模拟结果显示,最大主应力分布为 15～49 MPa,而实测的已组最大主应力分布在 33.46～48.25 MPa 之间,因此认为模拟结果基本可信。此时,得到模型的边界条件为:东西向 40 MPa、南北向 25 MPa 挤压应力,垂向应力由岩石自重产生。

（2）模拟结果分析

为便于分析最大主应力、中间主应力和最小主应力对瓦斯突出的影响，将图 3-20 内容与模拟结果进行叠加，得到图 3-21～图 3-25。

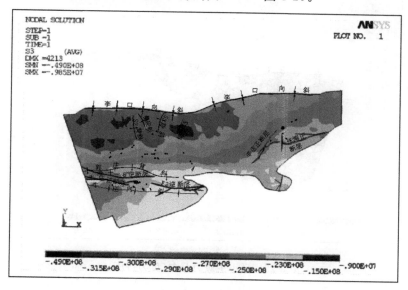

图 3-21　最大主应力分布（负为挤压）

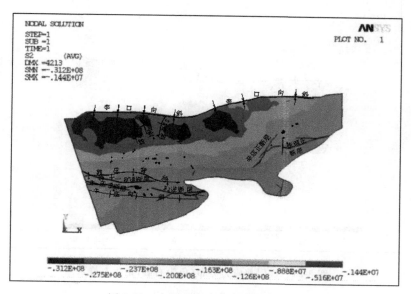

图 3-22　中间主应力分布（负为挤压）

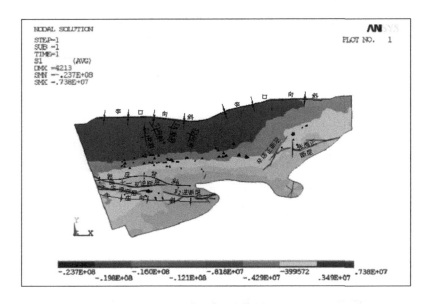

图 3-23 最小主应力分布(负为挤压)

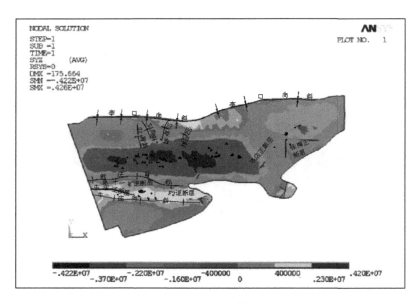

图 3-24 煤层剪应力分布(负为右旋,正为左旋)

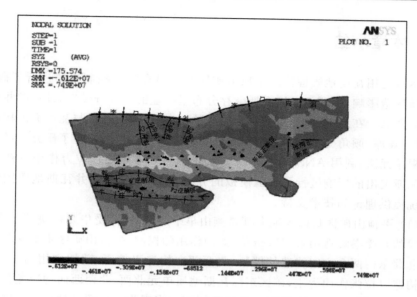

图 3-25　围岩剪应力分布（负为右旋，正为左旋）

从主应力分布上可以看出，背斜轴部最大应力相对较小，一般分布在 15～27 MPa 之间，中间主应力一般在 12.6～20 MPa 之间，最小主应力小于 16 MPa；靠近向斜轴部，最大主应力数值明显增大，最大主应力大于 31.5 MPa，中间主应力大于 27 MPa，而最小主应力大于 19.8 MPa。随着地层应力增大、瓦斯吸附量增大，向斜轴部瓦斯变得相对富集。值得注意的是，靠近断层附近应力出现集中，南部靠近断裂带附近应力一般大于 23 MPa，断层尖灭端曾发生多次瓦斯突出。

实际地质模型中，煤层和围岩力学参数相差较大，在现代应力场作用下，层间变形不同步，造成剪应力在背斜两翼一定范围内集中，可能是造成该带瓦斯突出严重的主要原因。

从剪应力分布结果看，背斜、向斜轴部剪应力偏小，背斜两翼到向斜的过渡部位剪应力数值偏大，且同一岩层剪应力旋向相反，背斜北侧剪应力大于南侧。煤层顶面的剪应力在背斜北翼存在大面积数值大于 2.3 MPa 的区域，剪应力旋向为右旋，该区域对应煤层瓦斯突出最为严重的部位；背斜的南翼剪应力旋向为左旋，数值相对偏小，一般分布在 0.4～2.3 MPa 之间。围岩段顶面，背斜的北翼剪应力为左旋，应力数值在 1.44～4.47 MPa 之间的区域对应瓦斯突出的高发部位。背斜北翼的剪应力集中带正好与瓦斯突出集中带相吻合，因而剪应力集中是造成该带瓦斯突出的主要原因。

3.4　本章小结

本章运用瓦斯地质理论对平顶山矿区瓦斯赋存构造控制规律进行了研究。受地质构造影响,平顶山矿区瓦斯赋存分布呈明显的分区分带性,以一矿井田为界东高西低。在此基础上,对平煤十二矿的瓦斯分布规律、煤与瓦斯突出构造控制特征,煤厚、倾角变化和煤层埋深对煤与瓦斯突出的影响进行了研究。最后运用有限单元法,利用 ANSYS 软件对矿区东部三个煤矿现代应力作用下褶皱对煤与瓦斯突出的影响进行了数值模拟的分析,为系统实现矿井瓦斯地质图编制子系统提供理论和技术支持。

(1)平顶山矿区自印支期尤其是燕山早中期以来,除受华北板块控制之外,更主要的是受秦岭造山带多次挤压、剪切作用的控制;平顶山矿区主要受北西西向和北北东向两个方向构造的控制,北西西向构造以挤压、剪切作用为主,北北东向构造以拉张作用为主,矿区东部瓦斯地质单元北西、北西西向构造尤其褶皱构造较西部瓦斯地质单元发育是矿区瓦斯赋存表现为东高西低的根本原因。

(2)在研究十二矿瓦斯分布规律基础上,划分了瓦斯地质单元,发现了煤层埋藏深度是矿井瓦斯赋存的主控因素,并建立了瓦斯含量与煤层埋藏深度之间的预测数学模型,进而实现了矿井深度瓦斯地质图自动更新。

(3)研究发现,平顶山东部三个煤矿现代应力与瓦斯耦合控制着煤与瓦斯突出。东部三个煤矿构造现代应力大,产生相当程度的构造煤,在高围岩作用下瓦斯不能有效逸散,使得瓦斯具有大量膨胀能。运用有限单元法,利用 ANSYS 软件对矿区东部三个煤矿现代应力作用下褶皱对煤与瓦斯突出的影响进行了数值模拟分析,为后期煤与瓦斯突出预测提供了理论支撑。

第 4 章　煤矿基础空间数据融合技术

瓦斯地质数据管理是煤矿瓦斯地质信息系统的基础,本章研究了煤矿目前瓦斯地质数据管理的现状,提出了煤矿瓦斯地质信息管理技术及优化方案。

(1)研究目前煤矿数据管理模式及存在的问题。

(2)借鉴国土信息"一张图"的理念,提出煤矿基础空间数据融合技术。

(3)为实现煤矿基础空间数据融合、矿井生产信息的动态更新、综合协调管理与共享协作,研究了煤矿基础空间数据融合的建设目标及架构。

4.1　传统的煤矿数据管理模式及存在的问题

煤矿生产的主要目的是安全高效地开采煤炭资源,其生产过程涉及开拓、掘进、采煤、运输、防突、通风和安全管理等多个环节,极其复杂,必须由多部门共同合作完成。按照国家煤矿安全监察局于 2013 年下发的《煤矿安全质量标准化标准及考核评级办法(试行)》[180]的规定,煤矿安全质量标准化井工开采包括 11 个部分,分别是通风、地测、采煤、掘进、机电、运输、安全管理、职业卫生、应急救援、调度、地面设施。

煤矿生产周期长、过程复杂,为保证安全生产,各生产环节涉及大量的图件和数据信息,这些图件和数据信息由不同的职能部门负责采集处理和绘制,给使用和管理带来极大的不便。煤矿生产所需图件具有以下特点:

(1)种类繁多

煤矿生产必须具备的图纸分为矿山测量图、矿山地质图和其他图件等八大类,每一大类又包括多个小类和多种类型的图纸,常见的图纸包括:采掘工程平面图、煤层底板等高线图、井上下对照图、水文地质图、煤矿开拓平(剖)面图、采区巷道布置图、储量计算图、井底车场线路布置图、瓦斯抽采系统图、钻孔设计和竣工图、压风自救图、煤矿通风系统图、防灭火系统图、安全监测监控图、矿井避灾路线图和通风系统图等数十种。

(2)内容复杂

煤矿安全生产所涉及的地质采矿条件各种影响因素繁多,空间关系非常复杂。各种矿山工程图中不同矿山的表现内容也各不相同。

（3）变化大

我国煤矿寿命一般在 60 年左右，有的甚至长达百年，各类矿图内容则是随生产推进而不断进行更新，具有以下特点：① 煤矿生产初期的图纸是依据地勘期间钻孔获取的瓦斯、地质资料，以及建井期间采掘揭露资料整理而得的，图纸的瓦斯地质信息精度低、误差大。② 煤矿的生产过程是一个动态时空过程，井下采掘活动始终在进行，随着采掘活动的开展，各种新建井巷工程以及揭露的大量瓦斯、地质信息，需要在各类矿图上实时进行补充、修改和调整，直至矿井报废。

（4）重复性

矿图的重复性是指图纸利用的重复性和内容的重复性。在煤矿安全生产过程中，煤矿各职能部门和技术科室，如总工办、技术科、地测科、通风科、防突科等，都要绘制大量的图纸，这些图纸中相当一部分图纸是"通用"的，部分图纸内容和标准基本一样；另外一部分图纸是在基本矿图（如采掘工程平面图等）基础上增加了相应的专业内容绘制而成的专业矿图。

煤矿安全生产所涉及的用图部门多、矿图种类多、内容复杂，需要多专业协作配合完成，传统的煤矿生产管理模式难以科学描述所有的生产过程。长期以来，我国煤矿的安全生产管理主要是各个部门分工协作，数据信息的管理也是分配在各职能科室内，造成了资料共享、更新困难，很多需要多部门交叉完成的工作会因为采掘设计修改调整、图纸更新不及时而影响安全生产。另外，各级煤矿监督管理部门难以及时掌握信息进行监管。总之，煤矿传统的信息管理模式工作强度大、更新速度慢、现势性差。

为了解决上述问题，本书引入"一张图"概念，以实现煤矿基础空间数据融合、矿井生产信息的动态更新、综合协调管理与共享协作。

4.2　基础空间数据融合的概念与特点

4.2.1　国土信息"一张图"概述

目前，"一张图"主要应用在国土资源领域，它整合了航测、遥感监测、农田信息、土地变更、地质环境、矿产信息以及基础地理等多种信息，建立核心数据库，避免各个职能部门之间的"信息孤岛"，与国土资源各个行政监管系统叠加，共同构建统一的综合监管平台，实现国土资源管理工作规范化、秩序化、信息化。国土资源"一张图"的主要概念包括四个方面：即时性、全面性、整体性和共享性[181]，实现资源开发的"天上看、网上管、地上查"，实现资源的动态管理。

20 世纪 70 年代，加拿大就开始在土地资源管理中使用信息化技术，90 年代美国首先提出和开展国家空间数据基础设施（NSDI）的研究。空间数据基础设施的建设思想被世界上许多国家所接受，各国纷纷出台了自己的空间数据基础设施计划。加拿大于 1999 年实施了"地理连接（GeoConnections）"计划，主要是建立地理空间数据设施（CGDI），实现加拿大地理空间数据库在线访问服务。随后欧盟、日本、新加坡、澳大利亚等国家或地区也提出各自的计划[182]。

2003 年，美国实施了"地理空间一站式（Geospatial One-Stop）"计划，它可以为民众提供查询全国的地图资源、数据以及其他空间服务，使得各政府部门和社会民众能够更快捷、便利地查询和获取地理空间信息[183]。

我国在空间数据基础设施建设方面起步比较晚。1999 年，我国启动了"数字国土"项目，系统整合了有关的国土资源空间基础信息，建立了不同级别的国土资源数据库。2009 年，国土资源部明确提出了国土资源信息化建设的八项重点任务[184]，其中就包括了国土资源"一张图"的建设。

目前，国内学者对"一张图"的研究取得了大量成果，不仅仅是在国土资源方面，很多学者将其应用在矿产资源方面。徐旭辉等[185]开发了无锡矿产资源管理信息系统。白万成等[186]开发了地质矿产信息系统。陈练武等[187]开发了榆林地区矿产资源管理系统。杨文森等[188]介绍了"一张图管矿"系统数据中心的基本概念以及数据体系结构，在此基础上阐述了"一张图管矿"系统数据的逻辑结构和数据分类，给出了建设"一张图管矿"应用系统的总体思路、系统结构，并得到了初步实现。谭德军等[189]建立了重庆市矿产资源储量动态监管平台，实现了矿山"图库一体"的数字化管理，能准确计算矿山动用储量，及时更新矿山资源储量。李红玲等[190]对煤矿"一张图"的概念和体系结构进行了研究。

4.2.2　基础空间数据融合概念

由于煤矿生产基础数据的多源性和复杂性，煤矿存在各种各样的信息化系统。但是这些不同专业的信息化系统所支持的数据格式及组织标准往往不一致，导致目前我国煤矿信息化存在以下问题：

（1）协作共享性差。目前我国煤矿多种信息化系统各自独立，存在"信息孤岛"情况，信息无法实现共享，更谈不上融合。

（2）兼容性不高。信息系统与其关联的数据库具有极高的自适应性，与其他信息系统或者数据库的耦合度很低。

（3）精度标准不统一。

为此，尝试将"一张图"的理念引入煤矿领域。目前，我国煤矿开采以井工开采为主,由于煤矿井下遥感信息无法获取和使用,所以煤矿基础空间数据融合没有使用遥感技术。

煤矿基础空间数据融合是以瓦斯地质图为核心,以地质、测量、通风、采掘、设计、调度、动态监控等多源数据信息为基础,以计算机和网络技术为纽带,以煤矿瓦斯地质协同管理系统为平台,实现煤矿多源数据的标准化、规范化表达,管理、信息的无缝共享与协作,面向不同专业用户的信息处理、分析和查询,最终达到煤矿信息一体化。它可以改变目前煤矿信息传送、共享、管理模式,能提高煤矿的现代化管理水平,为煤矿安全生产提供高效、准确的决策信息。

4.2.3 建设目标

煤矿基础空间数据融合是以矿井设计、煤矿地质、矿山测量、煤矿采掘、防突、抽采、调度等不同科室、不同专业的多种信息为基础,运用 GIS 技术建立煤矿瓦斯地质协同管理平台,该平台可以实现多源数据的标准化管理、信息的共享与协作,实现在统一数据库、系统平台的基础上,面向不同的部门、专业各自的需要,完成煤矿生产与安全信息的录入、查询、分析、使用。

主要目标包括:① 全面性,即煤矿瓦斯地质相关的所有业务内容和数据类型全覆盖;② 统一性,各类煤矿生产与安全数据统一整合、统一数据格式及标准;③ 共享性,各类数据可以跨部门实现充分共享;④ 即时性,各业务部门直接在系统中进行设计和修改,保证获取的数据实时更新。

4.3 煤矿基础空间数据融合的架构

4.3.1 煤矿基础空间数据融合体系结构

煤矿基础空间数据融合主要是指与煤矿瓦斯地质相关的多源数据的统一,用于实现不同职能部门、不同专业用户、不同管理层次数据的获取与分析处理、信息的共享与预测预警结果的发布以及服务应用。主要包括综合数据库、矿井瓦斯地质图以及煤矿瓦斯地质协同管理平台,如图 4-1 所示。

（1）综合数据库

煤矿生产的基础信息大部分来源于地表以下的生产空间,是一种活跃的、动态变化的、与空间位置密切相关的复杂多源信息,分别来自不同的科室和不同的专业,如地测、通风、防突、抽采、瓦斯监测监控等。煤矿基础信息的共享化管理,直接影响煤矿安全生产。通过分析煤矿各类基础信息,建立一套格式标准、尺度统一及规范完整的覆盖煤矿各个专业领域地测、通风、防突、抽采、安全监测监控

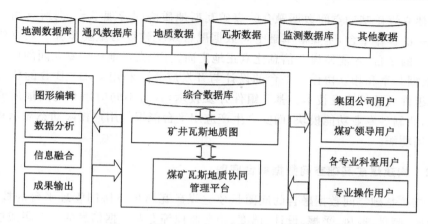

图 4-1　煤矿基础空间数据融合体系结构

等不同职能科室的专业数据库。地测数据库包含煤层资料、地勘钻孔、构造等地质信息，井巷、工作面空间信息及导线点等测量信息；通风数据库包含风量、瓦斯浓度、通风阻力测定、避灾线路、防尘设施等信息；防突数据库包含瓦斯含量、瓦斯压力、突出参数、抽采设计等相关信息；抽采数据库包含瓦斯抽采流量、浓度、抽采时间等瓦斯抽采信息；安全监测监控数据库包含井下各个监测点甲烷、CO等有害气体浓度等相关信息[191]。

（2）矿井瓦斯地质图

煤矿基础空间数据融合的工作底图是面向所有用户提供的信息交互的窗口，是用户与数据交流的手段，不同职能部门、不同专业用户的应用都可以从底图上直接或者间接获取，所以煤矿基础空间数据融合的底图有以下特点：① 信息的全面性。矿井瓦斯地质图是煤矿地勘期间和生产期间所揭露或监测的瓦斯地质信息和矿井瓦斯地质规律的综合体现，所以选取矿井瓦斯地质图作为煤矿基础空间数据融合工作的底图。② 信息的实时性。随着煤矿采掘活动的逐步推进，煤矿各种新建井巷工程和揭露的瓦斯地质信息不断增加，这些海量信息的可靠性不断提高，动态的井巷工程和瓦斯地质信息才能更好地为决策、设计和生产提供安全保障。因此，底图需要实现信息的实时动态更新与显示。③ 信息的专业性。煤矿基础空间数据融合面向的是煤矿企业不同职能部门、不同专业的用户，各种用户根据专业和需求不同，均可从底图上直接或者间接获取所需信息，同时底图还需要不同科室来共同维护和更新。因此，底图的构建需要面向不同专业和需求用户提供专业性的底图显示。

（3）煤矿瓦斯地质协同管理平台

建立煤矿基础空间数据融合的煤矿瓦斯地质协同管理平台,向所有用户提供统一的操作平台,是煤矿基础空间数据融合系统建设的重要步骤。只有建立了统一的平台,才能使煤矿信息化真正地走向实用,真正地形成专业间的信息集成、数据共享和相互协作。平台的设计与开发应充分利用 C/S + B/S 的软件模型和组件式软件开发技术。基于组件开发技术,针对不同应用和瓦斯地质专业需求,研制各专业功能模块,而安全生产应用平台能根据用户权限动态显示相应的应用功能。

4.3.2　构建煤矿基础空间数据融合底图

煤矿基础空间数据融合的底图是建立煤矿瓦斯地质协同管理平台的核心,集地质、测量、通风、采掘、设计、调度、动态监控等专业数据信息的综合集成应用与管理,构建煤矿基础空间数据融合底图及其应用,将为煤炭企业信息化建设带来如下优势:① 煤矿数据信息的标准化和规范化管理;② 彻底解决“信息孤岛”问题,实现煤矿生产与安全信息数据高度共享与协作,提高信息的耦合度;③ 平台统一,信息动态,为决策提供准确和可靠依据;④ 避免系统繁杂、数据重复冗余等。这样不仅可以推动煤矿信息化的发展进程,同时还能为我国实现全国煤矿信息化管理奠定基础。

底图集成煤矿大量的瓦斯地质信息和井巷开采信息,主要包括地勘期间地质资料和瓦斯资料;煤矿生产揭露的大量瓦斯、地质资料,以及煤矿生产的各种基础空间信息。这些工作涉及总工办、地测、防突、掘进、生产、打钻、抽采、监测监控等相关科室,因此煤矿基础空间数据融合是一项复杂的系统工程,其技术路线如图 4-2 所示。

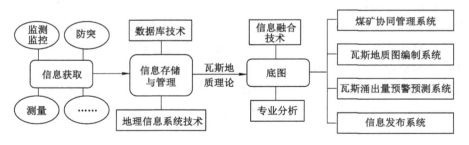

图 4-2　技术路线

（1）空间数据库需求分析

需求分析是数据库建设工作中的首要任务,是整个空间数据库设计与建设过程中最基础的工作,只有做好需求分析,才能设计和建设出符合工作要求且性能优良的数据库。其主要任务是调查用户的信息需求,分析数据库建设的目的和数据库具体存储的数据内容,整理资料并编制用户需求分析报告等[192]。

建立煤矿综合数据库,需要详细了解煤矿目前的工作流程,了解煤矿需要涵盖的各个科室及专业领域,调查各科室和专业领域所涉及的基础空间数据种类、精度、尺度和表达方式、工作流程与信息存储管理,制定基础数据格式标准,建立尺度统一、规范完整的专业数据库(图 4-3)。

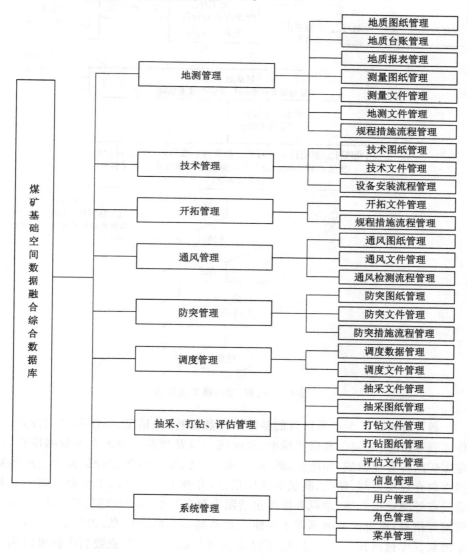

图 4-3　综合数据库

煤矿基础空间数据融合综合数据库建设涉及煤矿许多职能部门和生产技术科室,下面以地测、通风、防突三个科室的主要职能及工作流程为例进行需求分析,如图 4-4～图 4-6 所示。

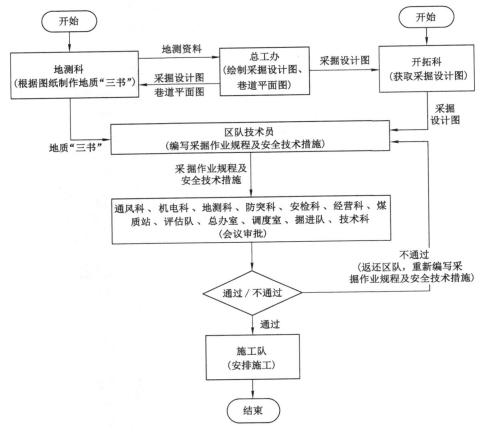

图 4-4 规程、措施施工流程图

通过分析煤矿生产所涉及的基础空间数据种类、精度、尺度和表达方式、工作流程等信息,建立一套格式标准、尺度统一以及规范完整的专业数据库群,涵盖煤矿的各专业领域,如地测、通风、机电、水文、安全监测监控数据库。地测数据库包含煤层资料、钻孔、断层等地质信息,井巷工程、采区、工作面空间信息和导线点等测量信息等;通风数据库包括阻力测定数据、瓦斯浓度、避灾线路、防尘设施等信息;机电设备数据库主要建立设备的运行状态信息、出厂信息等;安全监测数据库包括瓦斯、人员定位、CO 等检测信息。这些专业数据库群可以用关系数据库,而数据源则可以通过煤矿信息获取引擎获得。

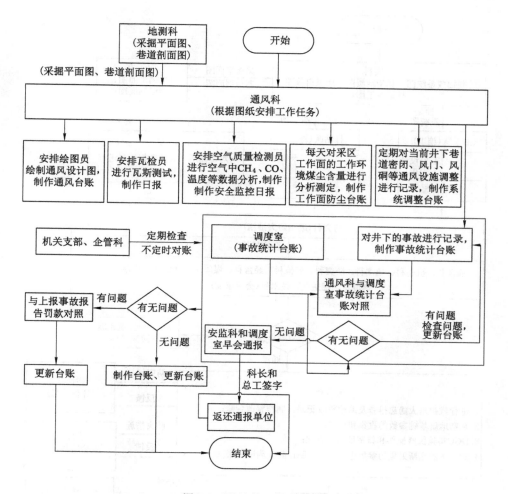

图 4-5 通风科工作流程图

（2）煤矿基础空间数据融合底图

煤矿基础空间数据融合底图是以矿井煤层底板等高线图和采掘工程平面图作为地理底图，集中反映建矿以来采掘工程揭露和测试的全部瓦斯与地质资料，在厘清矿井瓦斯地质规律、进行瓦斯含量、瓦斯涌出量、煤与瓦斯区域突出危险性预测、瓦斯（煤层气）资源量评价和构造煤厚度分布等基础上绘制成图的。涵盖了煤矿主要的职能科室不同的专业需要，同时煤矿瓦斯地质图编制已经有相应的国家标准，有利于格式标准的统一，使煤矿瓦斯地质图的内容更加丰富、信息更新更加快捷[193]。

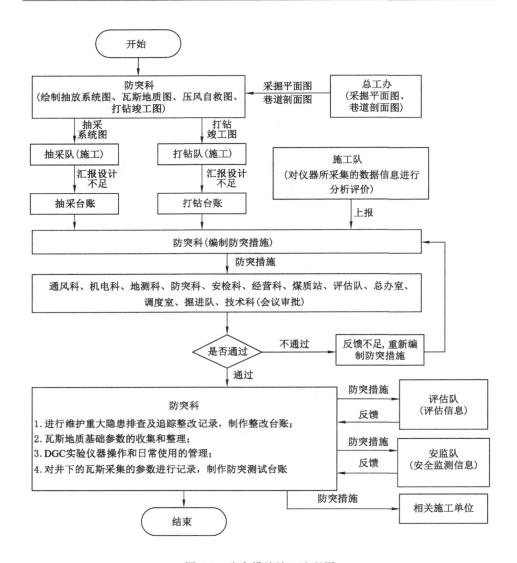

图 4-6 防突措施施工流程图

（3）建立煤矿瓦斯地质协同管理平台

煤矿基础空间数据融合依赖于煤矿瓦斯地质协同管理平台,向所有用户提供统一的操作平台是煤矿基础空间数据融合系统建设的关键。只有建立统一的平台,才能使煤矿信息化真正地走向实用,真正形成专业间的信息集成、数据共享和相互协作。

煤矿瓦斯地质协同管理平台的设计与开发,充分利用 C/S+B/S 的软件模型和组件式软件开发技术。基于组件开发技术,利用 VC++语言和 ObjectARX 开发包对 AutoCAD 进行二次开发,针对不同应用和煤矿安全生产的需求研制各专业功能模块。

4.4　本章小结

(1) 研究目前煤矿数据管理模式,发现煤矿瓦斯地质数据分散在矿井设计、煤矿地质、矿山测量、煤矿采掘、防突、抽采、调度等不同科室,不同科室使用各自的专业软件,存在瓦斯地质数据格式不统一、更新滞后、收集困难等问题。

(2) 提出了煤矿基础空间数据融合技术,实现矿井地质、测量、通风、采掘、设计、调度、动态监控等专业数据信息综合集成应用与管理。

第 5 章　煤矿瓦斯涌出量地质预测预警方法研究

实现煤矿瓦斯涌出量的快速、准确预测是预防瓦斯灾害的关键,越来越受到广泛重视。传统的瓦斯涌出量预测方法主要有矿山统计法、瓦斯地质统计法和分源预测法等,均为静态预测方法,很难对采掘工作面生产过程中的瓦斯涌出量进行准确的描述和动态预测,预测的时效性和可靠性较差,在预测过程中具有一定的局限性。近年来,许多学者在瓦斯涌出量预测方法方面进行了大量研究,将多种统计预测方法运用到瓦斯涌出量预测方面,如 BP 神经网络算法、时间序列算法、灰色系统预测方法、分形理论等,这些预测方法为动态预测,但是这些方法在进行瓦斯涌出量预测时存在一定的局限性[194-199]。

根据上述预测方法各自特点,取长补短,将多种预测方法进行有机结合,建立组合数学模型,可以有效提高预测精确度和稳定性。

(1)研究瓦斯涌出量数据筛选方法,建立瓦斯涌出量数据筛选数学模型,实现了瓦斯涌出量数据的自动筛选。

(2)采用灰色关联方法,确定影响工作面瓦斯涌出量的主控因素,建立了工作面瓦斯涌出量预测模型,实现了工作面瓦斯涌出量中长期预测。

(3)利用 R/S 分析方法,研究工作面瓦斯涌出量随时间变化的规律,基于分形理论的时间序列方法建立了工作面瓦斯涌出量短期预测的数学模型,实现了工作面瓦斯涌出量实时自动预警。

本书将灰色系统和基于分形理论的预测方法相结合,建立矿井工作面瓦斯涌出量动态预测预警模型,既可以实现中长期预测,又可以实现短期预测,同时也解决了波动性不好、瓦斯涌出量预测结果较差的问题,使预测结果具有实时性、精确性的稳定性。

5.1　瓦斯涌出相关数据来源

瓦斯涌出相关数据来源和获取方式主要有:

(1)瓦斯浓度数据来源

瓦斯浓度这里指工作面回风巷中回风流的瓦斯浓度,它是体现瓦斯涌出量大小的重要数据,也是计算瓦斯涌出量的基础。许多煤矿为保证采煤工作安全进行,配备了大量的安全监控设备,每个工作面均布置有瓦斯浓度监测点。如平煤十二矿 17200 工作面回风巷总共布置有三个监测点,分别是回风巷里口、回风巷外口、防突风门前 5 m,如图 5-1 所示。其中,回风巷里口监测点主要是监测工作面上隅角位置瓦斯浓度,这一位置靠近采空区,风流速度不高,导致风流处于涡流状态,瓦斯容易积聚。回风巷外口监测点靠近回风下山位置,其瓦斯浓度值可以表示出整个工作面瓦斯涌出情况。监测点瓦斯浓度由瓦斯监测系统传输到井上瓦斯监测机房,计算机会自动统计数据,并可以生成表格。

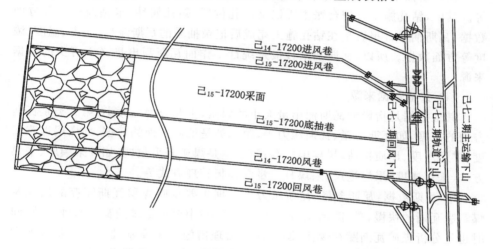

图 5-1　17200 工作面布置图及监测点位置

此外,高突瓦斯矿井为了增加风排瓦斯量,治理瓦斯涌出量过大问题,会在工作面开拓一条与回风巷平行的专用瓦斯排放巷,也叫尾巷。在尾巷位置,一般也会布置瓦斯监控点,监测瓦斯浓度。因此,在统计瓦斯浓度时,也要统计尾巷中的瓦斯浓度。

（2）风量数据来源

工作面瓦斯涌出量计算所需风量数据,主要来自通风报表。通风报表主要记录矿井、采区、工作面、硐室等通风情况,以及主要通风设施的使用情况,由煤矿通风科负责统计、收集、整理、分析,是煤矿安全生产管理的重要数据表格。按照统计频率,可以把矿井通风报表分为通风旬报、通风月报和通风季报三类。根据通风监测位置及监测对象的不同,将通风报表分为矿井和采区通风报表、工作面及硐室通风报表、通风设施使用情况报表等。

在布置有尾巷的工作面也要保证尾巷的通风量,达到风排瓦斯的目的。在煤矿通风报表中,也要记录尾巷的风量。因此,统计风量时,也要做好尾巷风量的统计。

(3)抽采数据来源

煤矿瓦斯抽采是向煤层中打钻,在钻孔中布置管路,通过抽采泵机将瓦斯从煤层中抽出的一种方法。抽采瓦斯不仅可以降低煤炭开采过程中的瓦斯涌出量,避免瓦斯超限和聚集、预防瓦斯爆炸和煤与瓦斯突出事故,还可变害为利,将抽采出的瓦斯作为煤炭的伴生资源加以开发利用。

在瓦斯抽采过程中记录了大量的数据,如钻孔施工台账、瓦斯抽采日报表等。其中,钻孔施工管理台账主要记录钻孔位置、钻孔属性、卡钻及掉钻等方面数据,瓦斯抽采日报表是在钻孔施工完成后记录抽采的瓦斯流量、压力、温度、浓度等方面数据。所以,瓦斯抽采日报是统计工作面瓦斯涌出量必不可少的数据来源。

(4)其他数据来源

其他数据是指影响瓦斯涌出量大小的因素,主要分为三大类:第一类是瓦斯方面的数据,如瓦斯含量、瓦斯压力等;第二类是地质方面的数据,如煤层埋藏深度、煤层厚度、地质构造、煤层围岩等;第三类是煤矿开采数据,如开采顺序、采煤方法、采煤速度、采煤进尺、采煤日产量和顶板管理方式等。

① 瓦斯数据:瓦斯含量、瓦斯压力等数据主要反映煤层瓦斯赋存的情况及煤解吸瓦斯的快慢,是《防治煤与瓦斯突出规定》中要求记录的瓦斯基础参数,同时也是分析煤矿瓦斯赋存规律、制定瓦斯治理措施的重要基础。瓦斯基础参数主要是在煤矿开采过程中,由专业人员提取煤样,由专业仪器设备测试获取。平煤十二矿为突出矿井,瓦斯含量较高,每个工作面都要进行先抽后采,抽采之后的工作面均要进行瓦斯参数测定,并要求达到规定的指标。因此,平煤十二矿瓦斯基础参数数据齐全,可以用来分析工作面瓦斯涌出量规律,预测未采煤层瓦斯涌出量。

② 地质数据:地质因素主要是影响煤层中瓦斯的保存或逸散,从而导致瓦斯涌出量发生变化。影响瓦斯涌出量的地质因素主要有煤层埋藏深度、煤层厚度、地质构造、煤层围岩等。煤层埋深可由煤层底板等高线图及钻孔柱状图获取;煤层厚度和煤层顶板围岩可由钻孔柱状图和开采时期煤层编录等获取;地质构造赋存情况可根据煤矿地质报告地勘及开采过程中的工作面地质说明书确定。由于地质方面的数据大多是定性描述,特别是地质构造对瓦斯涌出量影响,需要采用一定的方法对其进行定量评价,建立地质构造对瓦斯涌出量的影响关系,这样才能更好地运用地质构造对未采区域瓦斯涌出量进行预测。

③ 开采数据:煤矿开采是矿井最重要的生产环节之一,也是影响煤层瓦斯涌出量的重要因素。开采因素主要有开采规模、开采顺序与开采方法、开采速度、工作面日产量等。其中,开采规模是指开采、开拓范围,开采规模越大,煤矿的绝对瓦斯涌出量越大;开采顺序是指开采多煤层或厚煤层时的先后顺序,一般而言,先开采煤层的瓦斯涌出量较大,后开采煤层瓦斯涌出量较小;采煤方法主要体现在采出率上,采出率越低,瓦斯涌出量越大;开采速度和采煤日产量通常情况下均与瓦斯涌出量呈正相关。开采规模、开采顺序与开采方法虽然对瓦斯涌出量具有一定影响,但其影响大小是相对不同矿井而言的。因此,针对同一矿井而言,开采规模和开采速度成为瓦斯涌出量的主要影响因素。其中,开采规模主要体现在矿井产量方面,可以用工作面日产量表示,开采速度通过开采进尺表示。

5.2　瓦斯涌出量数据筛选

由于煤矿井下环境条件恶劣,矿井监控系统受到灰尘、水蒸气、温度以及爆破冲击波、电磁干扰等各种因素影响,或因传感器、分流电源、存储介质、网络传输等故障,以及人为管理问题,而造成监控系统常常产生伪数据,影响数据质量。矿井监控系统采集的瓦斯监测数据有时会出现如"冒大数"或缺失现象,另外监测数据往往包含各种环境噪声,表现出复杂、非线性的特性。如直接利用监测数据进行处理分析,其危害不单单体现为处理大量复杂数据所带来的一般性问题,更严重的后果是由于那些劣质数据所导致的对样本分析的偏差,从而影响对总体分布的判断。

为了提高数据处理效率,保证基础数据质量和瓦斯涌出量分析的准确度和可靠性,必须对基础数据进行预处理。本书首次采用分位数方法筛选瓦斯涌出量数据,选取百分位数为 70%～80% 的涌出量值,作为分析矿井瓦斯涌出量规律的基础数据,去粗求精、去伪存真,保证数据质量和分析结果的准确性、可靠性。

(1) 基本概念

分位数是概率分布的数字特征之一。对于分布函数为 F 的实随机变量 X,$p(0<p<1)$ 阶分位数指满足 $F(K_p)\leqslant p$,$F(K_p)\geqslant p$ 的数 K_p,如果 $F(x)$ 是连续严格单调函数,则 K_p 是方程 $F(x)=p$ 的唯一解,即 K_p 作为 p 的函数是 $F(x)$ 的反函数。如果 $F(x)$ 是连续型的且 $p'>p$,则不等式 $K_p<X<K_{p'}$ 的概率等于 $p'-p$。分位数 $K_{1/2}$ 是统计学中的中位数,$K_{1/4}$ 和 $K_{3/4}$ 称为四分位数,$K_{0.1}$,$K_{0.2}$,…,$K_{0.9}$ 称为十分位数[200-201]。

百分位数是分位数的一种特殊形式，是一种相对的位量差，它是次数分布中的一个点。将一组数据从小到大排序，分为 100 个单位，百分位数就是次数分布中相对于某个特定百分位点的原始分数，表示在次数分布中特定个案百分比低于该分数。百分位数用 p_m 表示，如 $p_{30} = 60$ 表示在该次数分布观测数据集中有 30% 的数据低于 60。百分位数用于描述一组数据某一百分位量的水平，多个百分位数组合空间可全面描述一组观测值的分布特征，特别适用于非正态分布的数据处理。

（2）计算方法

百分位数法普遍用于体育统计学、卫生统计学、教育统计学等领域，其计算方法主要有频数表法、直接计算法、插值法等。本书采用内插法计算百分位数，并在数据库中实现筛选，最终在瓦斯地质图中实现自动上图。计算百分位数首先将原始资料排序，之后计算百分位次，根据百分位次的计算结果确定百分位数。

① 百分位次计算

百分位次的计算是确定百分位数的关键，其计算方法也有多种，本书采用以下方法：

$$x = n \cdot r\% = a + b \tag{5-1}$$

式中，x 为百分位次；n 为样本个数；r 为百分位数位置；a 为整数位；b 为小数位。

当 $b \neq 1/2$ 时，规定 $n \cdot r\% = \mathrm{truc}(n \cdot r\% + 1/2)$；当 $b = 1/2$，且 a 为偶数时，则 $n \cdot r\% = a$；当 $b = 1/2$，且 a 为奇数时，$n \cdot r\% = a + 1$。其中，$\mathrm{truc}(n)$ 表示对 (n) 舍去小数位，而取整数。

② 百分位数确定

根据百分位次计算结果，确定百分位数。计算公式如下：

$$P_x = (1-b)r_a + b \cdot r_{a+1} \tag{5-2}$$

其基本思想是：r 在 $1, 2, \cdots, n$ 之间有 $n-1$ 个为 1 的间隔，样本两端各延长 1，其端点为虚拟的 0（即 x_0）和 $n+1$（即 x_{n+1}），r 数轴上的 $0, 1, 2, \cdots, n+1$ 严格对应于 x 数轴上的 $x_0, x_1, x_2, \cdots, x_{n+1}$。此时，位次 x 和百分位次的对应关系为 $x\% = r/(n+1)$。

（3）筛选程序的实现

根据以上百分位数的计算方法建立数学模型，开发基于 AutoCAD 的瓦斯涌出量筛选模块，如图 5-2 所示。

以平煤十二矿 31010 工作面瓦斯涌出量统计数据进行数据筛选。操作步骤如下：

图 5-2　瓦斯涌出量数据筛选模块

① 点击 导入样本 按钮，从数据库中导入 31010 工作面的瓦斯涌出量监控统计数据，如图 5-3 所示。

② 导入数据以后，点击 全选 、全不选 、反选 按钮可以进行数据选择，如图 5-3 所示。

③ 选择数据以后，点击 筛选 按钮，筛选出符合要求的瓦斯涌出量数据，如图 5-4 所示。

④ 数据筛选之后，点击 生成表格 按钮，生成瓦斯涌出量统计表格，见表 5-1。

表 5-1　工作面瓦斯涌出量统计表

工作面	日期	CH_4 浓度 /%	风量 /(m³/min)	抽采量 /(m³/min)	日产量 /t	绝对瓦斯涌出量 /(m³/min)	相对瓦斯涌出量 /(m³/t)
	2014.06	0.15	1 272		890	1.908	3.087
31010	2014.07	0.28	2 208		1 000	6.182	8.902
	2014.08	0.47	2 352		1 100	11.289	14.78

图 5-3　数据导入及选择

图 5-4　涌出量数据筛选结果

5.3　工作面瓦斯涌出量预测方法研究

如前所述,瓦斯涌出量受地质、开采等因素综合影响,是一个非常复杂的非线性时变系统,涌出量与各影响因素相互之间的关系很难精确描述,具有明显的模糊性、随机性和信息不完全性特点。特别是各种地质因素,如正断层、逆断层、背斜、向斜、煤层厚度、煤层倾角、煤层埋深、煤层顶底板围岩厚度等。在这些影响因素中,对瓦斯涌出量的影响作用各不相同。本书在构建瓦斯涌出量模型时,首先采用灰色关联方法确定影响瓦斯涌出量的主要因素,排除非主要因素影响,以提高预测精度。然后采用灰色系统方法[202]建立预测模型,同时与瓦斯涌出量数据选取方法相结合,实现预测模型的动态更新,提高预测结果的可靠性和稳定性。

本书构建的瓦斯涌出量预测预警模型是将灰色系统和分形理论相结合建立的,采用灰色理论实现瓦斯涌出量中长期预测,模型的建立进行了以下改进:

(1) 灰色理论预测模型

① 基于瓦斯地质理论提出影响瓦斯涌出量变化的多种影响因素,并将这些影响因素运用到模型中。

② 改变灰色理论预测的步骤,在模型建立之初,首先进行影响因素和瓦斯涌出量之间的灰色关联度分析,确定各因素对瓦斯涌出量的影响程度,从而找到影响瓦斯涌出量的主控因素。

(2) 基于时间序列的分形理论预测模型

首次将基于时间序列的分形理论运用到瓦斯涌出量的短期预测中,根据瓦斯监测数据对预测模型进行实时修正,提高了瓦斯涌出量的预测准确性和可靠性。

将灰色系统理论和基于时间序列的分形理论相结合,改进了瓦斯监测数据处理方法,提出了瓦斯涌出量数据筛选方法。运用瓦斯地质理论对监测数据进行关联度分析,确定了瓦斯涌出量预测参数,建立了瓦斯涌出量预测模型,并根据瓦斯监测数据进行了实时修正,提高了预测精度,实现了瓦斯涌出量的实时预测

5.3.1　灰色关联度分析

灰色关联度分析是一种多因素统计方法,通过定量描述和比较的方法分析一个系统变化发展的动态。其基本思想是:通过确定参考序列和若干个比较列之间曲线几何形状的相似程度,来判断序列之间的关联程度情况,曲线越接近,

相应序列之间关联度就越大,反之就越小。灰色关联度分析分为相对关联度分析和绝对关联度分析。进行相对关联度分析时,由于各因素的计算不一致,无法统一,存在一定缺陷。因此,在多因素分析时,常采用绝对关联度分析。灰色关联度分析法具有不限制原始数据多少和有无规律、计算方便、分析结果与定性分析结果一致等优点。通过灰色关联分析,可以确定影响工作面瓦斯涌出量各因素间的影响程度,并找出主控因素。

以平煤十二矿已$_{15}$-17200 工作面为例,进行关联度分析。统计数据见表 5-2。

表 5-2   17200 工作面月瓦斯涌出量统计

时间	绝对瓦斯涌出量 $Y/(m^3/min)$	瓦斯含量 $X_1/(m^3/t)$	上覆基岩厚度 X_2/m	煤层厚度 X_3/m	平均日产量 X_4/t	泥岩厚度 X_5/m
2012.03	4.47	4.848 9	675	4	707	8.7
2012.04	7.58	3.789 3	672	4.03	1 320	8.8
2012.05	7.44	4.742 9	670	4.05	1 037	8.9
2012.06	8.51	6.035 5	668	4.08	1 182	9
2012.07	8.51	6.035 5	666	4.1	1 182	8.9
2012.08	7.46	4.886 9	665	4.14	900	8.8
2012.09	7.51	5.75	664	4.17	1 066	8.7
2012.10	8.42	5.848 5	663	4.2	1 000	8.4
2012.11	8.03	4.973 9	662	4.24	1 500	8.2
2012.12	8.77	8.85	665	4.28	1 139	8
2013.01	8.22	6.3	664	4.32	1 130	7.7
2013.02	8.58	4.495	666	4.36	780	7.4
2013.03	7.97	5.94	668	4.4	1 201	7
2013.04	7.58	4.901 5	670	4.41	805	6.6
2013.05	6.745	5.95	674	4.42	1 529	6
2013.06	7.385	6.05	678	4.45	1 476	5.5
2013.07	7.82	6.36	680	4.42	1 529	4.8
2013.08	7.547	4.39	687	4.5	1 052	4
2013.09	10.31	8.29	695	4.4	1 523	3.7
2013.10	7.9	4.08	702	4.32	1 474	3.3
2013.11	11.21	8.35	708	4.3	1 150	3

影响工作面瓦斯涌出量的因素作为自变量 X，其中瓦斯含量为 X_1、上覆基岩厚度为 X_2、煤层厚度为 X_3、工作面日产量为 X_4、泥岩厚度为 X_5，瓦斯涌出量为因变量 Y。

灰色关联分析的计算步骤如下：

（1）确定分析序列。选择影响瓦斯涌出量各因素的测试数据集，作为分析序列，其矩阵表达式为：

$$\boldsymbol{X} = (X_1, X_2, X_3, \cdots, X_m) = \begin{cases} x_1(1) & x_2(1) & \cdots & x_m(1) \\ x_1(2) & x_2(2) & \cdots & x_m(2) \\ \vdots & \vdots & \ddots & \vdots \\ x_1(n) & x_2(n) & \cdots & x_m(n) \end{cases} \tag{5-3}$$

因变量为瓦斯涌出量，构成矩阵 $\boldsymbol{Y}$：

$$\boldsymbol{Y} = \begin{cases} y_1(1) \\ y_1(2) \\ \vdots \\ y_1(n) \end{cases} \tag{5-4}$$

（2）对原始数据预处理。由于影响瓦斯涌出量的各因素计算单位各不相同，因而原始数据存在量纲和数量级不同不便于比较的问题，故在进行关联度分析前，需对原始数据进行无量纲处理。一般预处理方式有初值化处理和均值化处理，本书采用均值化处理，见式（5-5）和式（5-6），预处理结果见表 5-3。

$$x'_i(k) = \frac{x_i(k)}{\dfrac{1}{n}\sum_{k=1}^{n} x_i(k)} \tag{5-5}$$

$$y'_i(k) = \frac{y_i(k)}{\dfrac{1}{n}\sum_{k=1}^{n} y_i(k)} \tag{5-6}$$

式中，$i = 1, 2, \cdots, m$；$k = 1, 2, \cdots, n$。

表 5-3　数据预处理结果

时间	Y'	X'_1	X'_2	X'_3	X'_4	X'_5
2012.03	0.56	0.84	1.00	0.94	0.60	1.26
2012.04	0.95	0.66	1.00	0.94	1.12	1.27
2012.05	0.93	0.82	0.99	0.95	0.88	1.29
2012.06	1.06	1.05	0.99	0.96	1.01	1.30
2012.07	1.06	1.05	0.99	0.96	1.01	1.29

表 5-3(续)

时间	Y'	X_1'	X_2'	X_3'	X_4'	X_5'
2012.08	0.93	0.85	0.99	0.97	0.77	1.27
2012.09	0.94	1.00	0.98	0.98	0.91	1.26
2012.10	1.05	1.02	0.98	0.98	0.85	1.21
2012.11	1.00	0.86	0.98	0.99	1.28	1.18
2012.12	1.10	1.54	0.99	1.00	0.97	1.16
2013.01	1.03	1.09	0.98	1.01	0.96	1.11
2013.02	1.07	0.78	0.99	1.02	0.66	1.07
2013.03	1.00	1.03	0.99	1.03	1.02	1.01
2013.04	0.95	0.85	0.99	1.03	0.68	0.95
2013.05	0.84	1.03	1.00	1.04	1.30	0.87
2013.06	0.92	1.05	1.01	1.04	1.26	0.79
2013.07	0.98	1.11	1.01	1.04	1.30	0.69
2013.08	0.94	0.76	1.02	1.05	0.90	0.58
2013.09	1.29	1.44	1.03	1.03	1.30	0.53
2013.10	0.99	0.71	1.04	1.01	1.25	0.48
2013.11	1.40	1.45	1.05	1.01	0.98	0.43

（3）参数之间的关联程度实质上是参考数列与比较数列曲线形状的相似程度，因此可用曲线间的差值大小作为关联度的衡量标准。应用中常通过计算最大差和最小差来表示。利用式（5-7）逐一计算各时间点处因变量与其他变量之差的绝对值，取最大值 $\Delta_{i\max}$ 和最小值 $\Delta_{i\min}$，计算结果见表 5-4。

$$\Delta_i(k) = | x'_i(k) - y'_i(k) | \qquad (5-7)$$

表 5-4　最大值及最小值计算结果

自变量序号 i	1	2	3	4	5
$\Delta_{\max}$	0.44	0.44	0.39	0.46	0.97
$\Delta_{\min}$	0.02	0.01	0.00	0.01	0.00

（4）关联度系数计算。计算公式见式（5-8），计算结果见表 5-5。

$$L_i(k) = \frac{\Delta_{i\min} + \rho\Delta_{i\max}}{\Delta_i(k) + \rho\Delta_{i\max}} \qquad (5-8)$$

式中，ρ 为分辨系数，$\rho \in (0,1)$，本书取 $\rho = 0.5$。

表 5-5 关联度系数计算结果

时间	L_1	L_2	L_3	L_4	L_5
2012.03	0.47	0.34	0.35	0.87	0.41
2012.04	0.46	0.84	1.00	0.58	0.60
2012.05	0.72	0.80	0.93	0.85	0.58
2012.06	1.00	0.77	0.66	0.82	0.68
2012.07	1.00	0.76	0.67	0.82	0.69
2012.08	0.78	0.83	0.85	0.60	0.59
2012.09	0.84	0.85	0.85	0.90	0.61
2012.10	0.92	0.78	0.75	0.55	0.76
2012.11	0.65	0.93	0.97	0.47	0.73
2012.12	0.36	0.68	0.69	0.66	0.90
2013.01	0.82	0.86	0.94	0.80	0.86
2013.02	0.46	0.74	0.81	0.37	1.00
2013.03	0.92	1.00	0.86	0.93	0.98
2013.04	0.74	0.85	0.71	0.48	1.00
2013.05	0.57	0.60	0.51	0.34	0.96
2013.06	0.68	0.75	0.63	0.42	0.80
2013.07	0.68	0.90	0.78	0.43	0.64
2013.08	0.59	0.77	0.65	0.85	0.57
2013.09	0.63	0.47	0.44	1.00	0.39
2013.10	0.47	0.83	0.90	0.48	0.49
2013.11	0.87	0.40	0.34	0.36	0.34

（5）关联度计算。由于各比较数列与参考数列的关联程度是通过几个关联系数反映的，关联信息分散，不便于整体比较，因此，取各时间点的关联系数之平均值来定量表示其关联度，计算公式见式(5-9)，计算结果见表5-6。

$$R_i = \frac{1}{n}\sum_{k=1}^{n}L_i(k) \tag{5-9}$$

表 5-6 关联度计算结果

	R_1	R_2	R_3	R_4	R_5
关联度	0.70	0.75	0.73	0.65	0.69

从计算结果可以看出,各影响因素与工作面瓦斯涌出量的关联度均大于 0.6,关联性较强,均为影响工作面瓦斯涌出量的主要因素,煤层上覆基岩厚度是影响工作面瓦斯涌出量的主控因素,同时瓦斯含量、煤层厚度、工作面产量和泥岩厚度对瓦斯涌出量影响也较大,在构建瓦斯涌出量预测模型时均需要考虑。

5.3.2 灰色系统预测

灰色系统预测是对既含有已知信息又含有不确定信息的系统进行预测,即对在一定范围内变化的与时间相关的灰色过程进行预测。通过创建 GM 模型群分析系统内部的变化,掌握其发展规律,并控制与调节变化的方向与速度,使之向着期望的目标发展。

(1) GM 建模思想和理论

① 灰色理论将序列因素作为一定时区内变化的灰色变量,将随机过程作为变化的灰色进程。

② 灰色理论对无规律的数据进行分析后,将其变为有规律的数列再创建模型,即灰色模型是生成数列模型。

③ 灰色理论以开集拓扑确定序列的时间测度,进而确定信息浓度、灰导数及灰微分方程。

④ 灰色理论通过灰数的求取办法、序列的取舍及残差 GM 模型的级别,来调整、修正、提高预测精度。

⑤ 灰色理论结合残差 GM 模型的调整及修正,建立微分方程,创建差分微分模型。

⑥ 灰色理论模型基于关联度收敛模型,具有一定的有限性、近似性的数学收敛。

⑦ 灰色 GM 模型一般采用按点检验的残差检验、相关性的关联度检验和具有分布随机特性的后验差检验三种检验方法。

⑧ 对多因变量的系统建模,可以通过 $GM(1,N)$ 模型群来解决。

⑨ GM 模型所得数据必须经过逆生成还原后才能应用。

(2) $GM(h,n)$ 模型

$GM(h,n)$ 模型是基于微分方程的数学函数模型,h 表示其阶数,n 表示变量个数。即:

$$\frac{\mathrm{d}^n(x_1^{(1)})}{\mathrm{d}t^n} + a_1\frac{\mathrm{d}^{n-1}(x_1^{(1)})}{\mathrm{d}t^{n-1}} + \cdots + a_n x_1^{(1)} = b_1 x_2^{(1)} + b_2 x_3^{(1)} + \cdots + b_{n-1} x_n^{(1)}$$

$$(5\text{-}10)$$

系数向量为 a:

$$a = [a_1, a_2, \cdots, a_n \vdots b_1, b_2, \cdots, b_{N-1}]^{\mathrm{T}}$$

利用最小二乘法求解得：

$$a = [(A \vdots B)^{\mathrm{T}}(A \vdots B)]^{-1}(A \vdots B)^{\mathrm{T}} Y_n$$

式中，$(A \vdots B)$ 表示 A 与 B 组成的分块矩阵。

（3）$\mathrm{GM}(1, N)$ 模型

原始数据数列：

$$X_i^{(0)} = [x_i^{(0)}(1), x_i^{(0)}(2), x_i^{(0)}(3), \cdots, x_i^{(0)}(n)], \quad i = 1, 2, \cdots, n$$

原始数据序列一般是指具有无规律性、随机性、摆动变化性的数列，对 $x_i^{(0)}$ 做累积相加构成新的数列：

$$x_i^{(1)}(k) = \sum_{j=1}^{k} x_i^{(0)}(j)$$

$$X_i^{(1)} = [x_i^{(1)}(1), x_i^{(1)}(2), x_i^{(1)}(3), \cdots, x_i^{(0)}(n)]$$

$$= \left\{ \sum_{j=1}^{1} x_i^0(j), \sum_{j=1}^{2} x_i^0(j), \sum_{j=1}^{3} x_i^0(j), \cdots, \sum_{j=1}^{j} x_i^0(j) \cdots \sum_{j=1}^{n} x_i^0(j) \right\}, \quad i = 1, 2, \cdots, n$$

建立微分方程：

$$\frac{\mathrm{d}x_1^{(1)}}{\mathrm{d}t} + a x^{(1)} = b_1 x_2^{(1)} + b_2 x_3^{(1)} + \cdots + b_{n-1} x_n^{(1)} \tag{5-11}$$

即为 $\mathrm{GM}(1, N)$ 模型。

式（5-11）中系数矩阵记为 a：

$$a = [a, b_1, b_2, \cdots, b_{n-1}]$$

用最小二乘法求出 a，即：

$$a = (B^{\mathrm{T}} B)^{-1} B^{\mathrm{T}} Y_n$$

式中，B 为累加矩阵；Y_n 为常数项矩阵，分别为：

$$B = \begin{bmatrix} -[x_1^{(1)}(1) + x_1^{(1)}(2)]/2 & x_2^{(1)}(2) & \cdots & x_N^{(1)}(2) \\ -[x_1^{(1)}(2) + x_1^{(1)}(3)]/2 & x_2^{(1)}(3) & \cdots & x_N^{(1)}(3) \\ \vdots & \vdots & \ddots & \vdots \\ -[x_1^{(1)}(n-1) + x_1^{(1)}(n)]/2 & x_2^{(1)}(n) & \cdots & x_N^{(1)}(n) \end{bmatrix} \tag{5-12}$$

$$Y_n = [x_1^{(0)}(2) x_1^{(0)}(3) \cdots x_1^{(0)}(n)]^{\mathrm{T}} \tag{5-13}$$

最后，创建 $x_1, x_2, \cdots, x_n$ 的 n 组一阶微分方程，并求解得：

$$\hat{x}_1^{(1)}(t+1) = \left[x_1^{(0)}(1) - \sum_{i=1}^{n} \frac{b_{i-1}}{a} x_i^{(1)}(t+1) \right] e^{-at} + \sum_{i=2}^{n} \frac{b_{i-1}}{a} x_i^{(1)}(t+1)$$

（4）$\mathrm{GM}(1, 1)$ 模型

$\mathrm{GM}(1, 1)$ 是 $\mathrm{GM}(h, n)$ 模型中（$h = 1, n = 1$）的特例，也属于 $\mathrm{GM}(1, N)$ 中

($N=1$)的特例,是一种单序列一阶线性动态模型。

GM(1,1)模型也需要对原始数据序列进行累加处理,之后建立以下微分方程:

$$\frac{\mathrm{d}x^{(1)}}{\mathrm{d}t} + ax^{(1)} = u \tag{5-14}$$

则式(5-15)中的系数向量 $\boldsymbol{a} = [a, u]^\mathrm{T}$。

累加矩阵 $\boldsymbol{B}$ 为:

$$\boldsymbol{B} = \begin{bmatrix} -[x_1^{(1)}(1) + x_1^{(1)}(2)]/2 & 1 \\ -[x_1^{(1)}(2) + x_1^{(1)}(3)]/2 & 1 \\ \vdots & \vdots \\ -[x_1^{(1)}(n-1) + x_1^{(1)}(n)]/2 & 1 \end{bmatrix}$$

常数项向量 $\boldsymbol{Y}_n$ 为:

$$\boldsymbol{Y}_n = [x_1^{(0)}(2) x_1^{(0)}(3) \cdots x_1^{(0)}(n)]^\mathrm{T}$$

采用最小平方法求解得:

$$\boldsymbol{a} = (\boldsymbol{B}^\mathrm{T}\boldsymbol{B})^{-1}\boldsymbol{B}^\mathrm{T}\boldsymbol{Y}_n$$

将 $\boldsymbol{B}$ 和 $\boldsymbol{Y}_n$ 代入上式,求解得:

$$\hat{x}_1^{(1)}(t+1) = \left[x^{(0)}(1) - \frac{u}{a}\right]\mathrm{e}^{-at} + \frac{u}{a}, \quad t = 1, 2, \cdots, n \tag{5-15}$$

上述 GM(1,1)建模过程中,a 称作灰色系统的发展系数,u 称作灰作用量。计算 a 值后可对模型情况做出判断,一般有以下五种情况:

令 $c = -a$,则有:

① $0 \leqslant c < 0.3$ 时,GM 可以用于中长期预测;

② $0.3 \leqslant c < 0.5$ 时,GM 可以用于短期预测;

③ $0.5 \leqslant c < 0.8$ 时,误差比较大,GM 不宜用于短期预测;

④ $0.8 \leqslant c < 1$ 时,可以先进行残差修正,之后建立模型进行预测;

⑤ $c \geqslant 1$ 时,GM 不适于进行预测。

(5) GM(1,1)模型检验

① 残差检验

残差检验建模步骤如下:

设原始序列为:

$$X_i^{(0)} = [x_i^{(0)}(1), x_i^{(0)}(2), x_i^{(0)}(3), \cdots, x_i^{(0)}(n)]$$

模型序列为:

$$\hat{X}_i^{(0)} = [\hat{x}_i^{(0)}(1) \hat{x}_i^{(0)}(2) \hat{x}_i^{(0)}(3), \cdots, \hat{x}_i^{(0)}(n)]$$

预测结果的绝对残差序列为:

$$\varepsilon^{(0)} = [\varepsilon(1), \varepsilon(2), \varepsilon(3), \cdots, \varepsilon(n)]$$
$$= X^{(0)} - \hat{X}^{(0)}$$
$$= [x^{(0)}(1) - \hat{X}^{(0)}(1), x^{(0)}(2) - \hat{X}^{(0)}(2), x^{(0)}(n) - \hat{X}^{(0)}(n)]$$

相对残差序列为：

$$\Delta = \left(\left| \frac{\varepsilon(1)}{x^{(0)}(1)} \right| \left| \frac{\varepsilon(2)}{x^{(0)}(2)} \right|, \cdots, \left| \frac{\varepsilon(n)}{x^{(0)}(n)} \right| \right) = \{\Delta_t\}_1^n \tag{5-16}$$

平均相对误差为：

$$\overline{\Delta} = \frac{1}{n} \sum_{t=1}^n \Delta_t \tag{5-17}$$

则预测精度可以表示为：

$$p = (1 - \overline{\Delta}) \times 100\% \tag{5-18}$$

当给定 α 值，且 $\overline{\Delta} < \alpha$ 和 $\Delta_k < \alpha$ 均成立时，即为残差合格。

② 后验差检验

后验差检验是按照残差的概率分布进行检验，属于统计检验的一种。

原始序列 $X^{(0)}$ 的均值、方差分别为：

$$\overline{x} = \frac{1}{n} \sum_{t=1}^n x^{(0)}(t)$$

$$S_1^2 = \frac{1}{n} \sum_{t=1}^n [x^{(0)}(t) - \overline{x}]^2$$

残差 $\varepsilon^{(0)}$ 的均值、方差分别为：

$$\overline{\varepsilon} = \frac{1}{n} \sum_{t=1}^n \varepsilon(t)$$

$$S_2^2 = \frac{1}{n} \sum_{t=1}^n [\varepsilon(t) - \overline{\varepsilon}]^2$$

其中 $C = S_2/S_1$ 称为均方差比值。对于给定的 $C_0 > 0$，当 $C < C_0$ 时，称为均方差比合格模型。

令 $p = P(|\varepsilon(t) - \overline{\varepsilon}|)$，当 $\frac{p}{S_1} < 0.674\ 5$ 时，为小误差概率。对于给定的 $p_0 > 0$，当 $p > p_0$ 时，称模型为小误差概率合格模型。

上述两种模型检验方法中，平均模拟相对误差和均方差的比值越小越好，误差概率越大越好。

当采用灰色预测模型，其检验不合格时，可以创建 GM(1,1) 残差模型，对灰色预测模型进行调整，提高模拟准确度。

设 $X^{(1)}$ 为 $X^{(0)}$ 的累计序列，$\varepsilon^{(0)}$ 为 $X^{(1)}$ 的残差序列，则有：

$$\varepsilon^{(0)}(t) = X^{(1)}(t) - \hat{X}^{(1)}(t)$$

将 $\varepsilon^{(0)}$ 的尾端残差序列应用到新的残差序列模型,仍记为 $\varepsilon^{(0)}$,则有:

$$\varepsilon^{(0)} = [\varepsilon^{(0)}(t_0), \varepsilon^{(0)}(t_0+1), \cdots, \varepsilon^{(0)}(n)]$$

对 $\varepsilon^{(0)}$ 进行建模,其时间响应式为:

$$\hat{\varepsilon}_1^{(1)}(t+1) = [\varepsilon^{(0)}(t_0) - \frac{u_\varepsilon}{a_\varepsilon}]e^{[a_t(t-t_0)]} + \frac{u_\varepsilon}{a_\varepsilon}$$

对上式求导数得:

$$\hat{\varepsilon}_1^{(0)}(t+1) = -a_\varepsilon[\varepsilon^{(0)}(t_0) - \frac{u_\varepsilon}{a_\varepsilon}]e^{[a_t(t-t_0)]}$$

将上式代入灰色预测公式得:

$$\hat{x}(t+1) = [x^{(0)}(1) - \frac{u}{a}]e^{-at} + \frac{u}{a} - a_\varepsilon[\varepsilon^{(0)}(t_0) - \frac{u_\varepsilon}{a_\varepsilon}]e^{[a_t(t-t_0)]}, \quad t \geqslant t_0$$

$$(5-19)$$

此即为残差修正模型。

5.4　工作面瓦斯涌出量预警方法研究

预警模型的建立需要以实时的瓦斯涌出量预测为基础,许多学者基于分形理论研究瓦斯涌出量预测,但是多用于中长期预测,不能实现实时动态预测。本书提出采用分形理论方法建立瓦斯涌出量短期预测模型实现了了对未采区瓦斯涌出量实时预测,提高了预测精度,而且结合煤矿监测监控数据实现了动态更新。预测结果与灰色系统中长期预测结果相比对,提高了预警的精确性和稳定性。

建立预警模型时,需要预测以天为单位的瓦斯涌出量值,而在工作面推进过程中,影响瓦斯涌出量的各种因素变化幅度在短时间内(天)往往较小,基本趋于某一固定值。为解决这一问题,本书采用基于分形理论的时间序列构建预测模型。

(1) 运用 R/S 分析法,对历年来工作面瓦斯涌出量样本数据进行分析,判断该样本所具有的分形特征——统计自相似性。

(2) 对于具有分形特征的数据样本,采用时间序列的分维预测方法,预测该时间序列样本之后一天的瓦斯涌出量数值,预测流程如图 5-5 所示。

(3) 根据 N 天后的预测数值,在工作面前方未开采位置,若预测数字小于规定的临界值显示绿色点,大于或等于临界值时显示红色点,并在监测监控表上显示超出临界值那一天的数据标注为醒目颜色字体,提出预警。

5.4.1　R/S 分析法

R/S 分析法,又称重标极差分析方法,由 20 世纪 40 年代英国著名的水文学

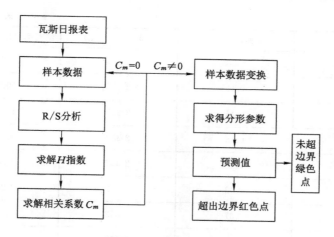

图 5-5　预测流程图

家赫斯特提出,是一种探索分形结构特征的重要方法。在大量实验及分析的基础上,赫斯特发现自然现象都遵循"有偏随机游走"规律,并在此基础上提出 R/S 分析法,建立赫斯特指数(H)来判断数据的分形特征。本书选取平煤十二矿 31010 工作面作为研究对象,应用 R/S 分析法,研究工作面瓦斯涌出量随时间的变化规律。样本数据见表 5-7。

表 5-7　31010 工作面 8 月份瓦斯涌出量统计

日期	瓦斯浓度/%	风量/(m³/min)	绝对涌出量/(m³/min)
1 日	0.35	2 352	6.585 6
2 日	0.41	2 352	8.232
3 日	0.28	2 352	8.702 4
4 日	0.52	2 352	8.937 6
5 日	0.49	2 352	8.937 6
6 日	0.42	2 352	8.937 6
7 日	0.56	2 352	9.408
8 日	0.48	2 352	9.643 2
9 日	0.49	2 352	9.643 2
10 日	0.52	2 352	9.878 4
11 日	0.51	2 352	9.878 4
12 日	0.54	2 352	10.113 6
13 日	0.38	2 352	10.348 8

表 5-7(续)

日期	瓦斯浓度/%	风量/(m³/min)	绝对涌出量/(m³/min)
14 日	0.38	2 352	10.584
15 日	0.41	2 352	10.584
16 日	0.44	2 352	10.584
17 日	0.38	2 352	11.054 4
18 日	0.47	2 352	11.289 6
19 日	0.42	2 352	11.289 6
20 日	0.37	2 352	11.524 8
21 日	0.54	2 352	11.524 8
22 日	0.45	2 352	11.524 8
23 日	0.48	2 352	11.995 2
24 日	0.45	2 352	12.230 4
25 日	0.45	2 352	12.230 4
26 日	0.43	2 352	12.230 4
27 日	0.4	2 352	12.230 4
28 日	0.52	2 352	12.700 8
29 日	0.52	2 352	12.700 8
30 日	0.49	2 352	13.171 2

其计算步骤如下：

设 $X_1, X_2, X_3, \cdots, X_n$ 为按时间先后排序的数据序列数值，其均值为：

$$\overline{X} = \sum_{i=1}^{n} X_i / n \tag{5-20}$$

标准差 S 为：

$$S_n = \sqrt{\frac{1}{n} \sum_{i=1}^{n} (X_i - \overline{X})} \tag{5-21}$$

累计离差 $X_{i,n}$ 为：

$$X_{i,n} = \sum_{i=1}^{n} (X_i - \overline{X}) \tag{5-22}$$

该序列极差为：

$$R_n = \max(X_{i,n}) - \min(X_{i,n}) \tag{5-23}$$

极差 R_n 与标准差 S_n 具有以下关系：

$$R_n/S_n = k \times n^H \tag{5-24}$$

式中，k 为常数；n 为观察值的个数；H 为赫斯特指数。

在计算实际时间序列的 H 值时，进行线性回归可以得到：

$$\ln R_n/S_n = \ln(k) + H\ln n \tag{5-25}$$

式中，$\ln(k)$ 不影响 H 值的大小，可用常数 C 代替。

由式（5-25）可以看出，在直角坐标系中绘制 $(\ln n, \ln R_n/S_n)$ 点图，通过最小二乘法进行回归，如果 $\ln n$ 与 $\ln R_n/S_n$ 具有较好的线性关系，即相关性系数 R 值较大，则这一直线的斜率即赫斯特指数 H 值。

由 H 值的计算可知，其值在区间 $[0,1]$ 内，以 0.5 为界，可以把 H 分为三种类型，其各自所代表的意义如下：

（1）$0 \leqslant H < 0.5$，说明研究的数据序列是反持久性的或遍历性的时间序列，称为"均值回复"。若序列在前一个时期的变化量是增长的，那么它在下个时期多半是减小的；反过来，若前一个时期减小，那么下一个时期多半增长。而这种反持久性行为的强度，取决于赫斯特指数 H 距离 0 值的远近，具有更强的突变性或易变性，会频繁出现逆转。

（2）$H = 0.5$，说明研究的数据序列是随机的，事件是不相关的、随机的，即现在不会影响未来，其概率密度函数多表现为拉普拉斯-高斯曲线。

（3）$0.5 < H \leqslant 1$，说明研究的数据序列是持久型的或有变大趋势的特性。这类序列特征具有长期记忆效果，对初始条件具有依赖性。即若序列在前一个时期的变化量是增长（减小）的，那么它在下个时期多半还是增长（减小）的。这种持久性行为的强度，由赫斯特指数与 1 的差值大小决定。而赫斯特指数 H 越接近 0.5，序列的噪声越大，依赖性行为越不明显。持久性时间序列又是一种分数布朗运动或者有偏的随机游走，其强度依赖于 H 比 0.5 大多少。

依据 R/S 理论，计算出的 31010 工作面瓦斯涌出量数据序列的 H 值为 0.742（>0.5），说明样本数据序列是持续性的或趋势增强的序列，具有持久的记忆性。各个样本值之间是相关的，即后面的样本值都带有它之前值的"记忆"。表明瓦斯涌出量波动变化具有持久性，该瓦斯涌出量时间序列具有可预测性，而且赫斯特指数能够进一步说明这种预测的强弱程度和相关程度。计算所得的 H 值不靠近 0.5，说明序列的噪声不大，持久性行为较为明显。

5.4.2 分形预警方法

瓦斯涌出量数据是一种时间序列，具有分形的随机性特征，在时间上具有统计自相似性。

基于分形理论的数学模型为：

$$N \propto kt^{Y(D)} \tag{5-26}$$

式中，N 为变量；$Y(D)$ 为分维函数。N 和 $Y(D)$ 的选取根据具体的研究方向确定。

针对工作面瓦斯涌出量预警问题，选取模型为：

$$N(t) \propto kt^{\pm D} \tag{5-27}$$

式中，t 为特征广度，如长度、时间等；k 为比例常数；D 分维数。

当分维数 D 小于 0 时，记 $N \geqslant (t)$；分维数 D 大于 0 时，记 $N \leqslant (t)$。

预警模型中假设 t 为涌出量数据序列的时间编号，选择某一天当作该数据序列的第一时间，即 $t_1 = 1$；第二天作为第二时间，即 $t_2 = 2$，按这种顺序进行推理，第 n 天作为第 n 个时间，即 $t_n = n$。记 N 为工作面瓦斯涌出量，则 t_1 所对应的瓦斯涌出量为 N_1。

任意选择两个数据点 (N_i, t_i) 和 (N_j, t_j)，根据其数值确定该段直线的分维数 D 和常数 k，公式如下：

$$D = \frac{\ln(N_i) - \ln(N_j)}{\ln(t_i) - \ln(t_j)} \tag{5-28}$$

$$k = N_i t_i^{-D} \tag{5-29}$$

瓦斯涌出量数据是一系列时间数据序列，为了使其能够较好地符合分形分布模型，在进行预测之前，首先对原始瓦斯涌出量数据进行适当处理。一般数据处理有累计和变换两种，本书采用累计和变换方法进行处理，以求达到最好的预测效果。

创建基于分形理论的瓦斯涌出量预警模型的基本过程如下：

（1）对工作面瓦斯涌出量原始数据进行初始化，包括累计和变换，过程如图 5-6 所示。

（2）对初始化过后数据序列进行分析，选出效果较好的处理过程，创建分形模型，求出其分形参数。

（3）依据计算所得的分形参数值，采用式（5-26）来预测该序列的下一时间的瓦斯涌出量。即已知 $t_1, t_2, \cdots, t_n$ 时刻相对应的瓦斯涌出量数据 $N_1, N_2, \cdots, N_n$，根据这些数据计算出的分形参数 D 值，就可以预测 t_{n+1} 时刻的瓦斯涌出量值 $\hat{N}_{n+1}$。当实际时间达到 t_{n+1} 时，再把此时的实际测定值 N_{n+1} 作为已知数据加入预测模型中，预测 t_{n+2} 时的瓦斯涌出量值 $\hat{N}_{n+2}$，以此类推，保持数据的实时性。

（4）根据预测结果，与涌出量临界值及灰色系统预测结果进行比较，大于或等于临界值的在工作面图上显示红色点，小于临界值的显示绿色点。同时这一

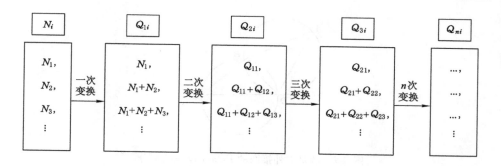

图 5-6　数据累计和变换过程

预测结果还与监测系统并网,当预测值超过临界值时,在监测系统及时显示,达到预警效果,以防发生危险。

5.5　过构造的 TIN 构网算法

本节主要讨论过构造的 TIN 构网算法与等值线绘制,目前自动绘制等值线的方法主要有不规则三角网格法(Triangulated Irregular Network,TIN)和矩形网格法(Rectangular Grid Nework,RGN)两种。TIN 以其构网灵活、计算简便而被广泛应用,由于煤矿井下开采地质条件复杂,经常遇到断层等地质构造,因此,绘制瓦斯含量、瓦斯涌出量、瓦斯压力等值线图时,必须处理过断层(构造)的 TIN 构网算法。

三角形剖分分为无约束三角形剖分(Delaunay Triangulation,DT)和约束三角形剖分(Constrained Delaunay Triangulation,CDT)。本书通过在无约束的 DT 基础上嵌入加密后的断层数据实现带断层约束的 CDT 网格,绘制等值线。

5.5.1　Delaunay 三角网性质

Delaunay 三角网具有两个非常重要的性质。

（1）空外接圆性质

在由点集 X 所形成的 Delaunay 三角网格中,每个三角形的外接圆均不包含 X 中除该三角形三个顶点以外的其他任意点。如果 X 中任意的 4 个点不共圆,Delaunay 三角化是唯一的,否则 Delaunay 三角化不唯一。如图 5-7 所示。

（2）最大最小角性质

在点集 X 所组成的三角网中,各三角形的最小角度最大,称之为最大最小角准则。如图 5-8 所示,在四边形 $ABCD$ 中,当以边 BD 为对角线时,$\triangle ABD$

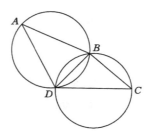

图 5-7 满足空外接圆的 Delaunay 三角剖分

和△BCD 中最小角为∠CDB；当以边 AC 为对角线时，△ABC 和△ADC 中最小角为∠ACB，∠ACB＞∠CDB，只有交换对角线，图 5-8(b)所示剖分的三角网满足最大最小角性质，即任意四边形的对角线最短。

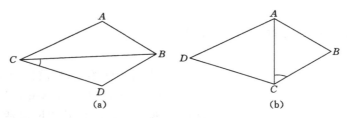

(a)　　　　　　　　(b)

图 5-8　最大最小角性质

5.5.2　数据结构

本书算法设计的数据结构如下：

点数据结构：

```
typedef struct{
    float x;//点的 x 坐标
    float y;//点的 y 坐标
    int zType;//点类型
}Point
```

边数据结构：

```
typedef struct{
    int pt1;pt2;//三角形的两端点
    int left ID1;//左三角形编号
    int right ID2;//右三角形编号
```

```
}Edge
```
三角形数据结构：
```
typedef struct{
    int pt1;pt2;pt3;//三角形的三个端点
    int Edge e1;e2;e3;//三角形的三条边
    int nTriangle Index;//右三角形编号
    int nTriangle ID;//三角形编号
}Trigngle
```

5.5.3　构网算法

首先根据 Delaunay 三角网性质，设边界点集合 $p=(p_1,p_2,p_3,\cdots,p_m)$，三角形集合 $T=(t_1,t_2,t_3,\cdots,t_m)$，分段点集合 $Q=(q_1,q_2,q_3,\cdots,q_m)$。

（1）将断层边进行细分，划分成若干段折线，将各端点存储在集合 Q 中，算法步骤如下：

Step 1：在边界点集合 P 中取相邻的两点 p_i、p_{i+1}，计算出两点间的距离 d_i，并设置长度 L，如果 $L<d$，进行 Step 2，否则继续 Step 1。

Step 2：将边 p_ip_{i+1} 等分为 $(d_i/L)+1$ 段，并将各个分段点存入点集 Q 中。

（2）将所有分段点顺序插入三角网格中进行剖分，步骤如下：

Step 1：设置三角形的最大高度为搜索半径 r。

Step 2：以 Q 中任意一点 q_i，计算到三角形 t_i 三个顶点的距离 d_i，如 $d_i<r$，将 t_i 存入临时数据组 X。

Step 3：判断 q_i 是否在 X 中三角形的外接圆内，在则标记。

Step 4：将标记的三角形进行删除，形成一个多边形，以多边形各个顶点与 q_i 连接组成新的三角形，此时清除数据集 X。重复 Step 1～Step 3，直至所有断层数据点处理结束，如图 5-9 所示。

从图 5-9(a)可知，以 q_1 为任意点，$\triangle BCq_1$ 的最大高度为 Dq_1 边，以 q_1 为圆心、半径 $r=Cq_1$ 画圆，与 Cq_1 相交于 D 点。q_1 到三角形 t_6、t_7、t_8、t_9 的距离为 $d_1=q_1A$，q_1 到三角形 t_1、t_2、t_3、t_4、t_5 的距离为 $d_2=q_1B$，且 $d_1<r$，$d_2<r$，此时将 $t_1,t_2,\cdots,t_9$ 存入临时数据集 X 为 q_1 的邻近三角形。

从图 5-9(b)可知，q_1 在三角形 t_4、t_5、t_6 的外接圆内，删除 t_4、t_5、t_6 形成多边形 $ABDEF$，将 q_1 分别与多边形 $ABDEF$ 的顶点相连接，形成新的三角形 t_{10}、t_{11}、t_{12}、t_{13}、t_{14} 存入三角形集合 T 中，q_1 的局部剖分到此结束。

（3）将 Q 中的第一个数据存入 Q 中，实现首尾相连，再将断层线段嵌入无约束三角网格中，步骤如下：

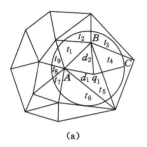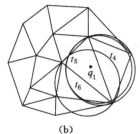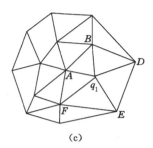

(a)　　　　　　　　(b)　　　　　　　　(c)

图 5-9　空外接圆剖分过程

Step 1：从点集 Q 中任意取相邻的两点形成线段 q_iq_{i+1}；判断线段 q_iq_{i+1} 是否在无约束的三角网格中，如在重复 Step 1，否则进行 Step 2。

Step 2：找出与线段 q_iq_{i+1} 相交的边，将所有与线段 q_iq_{i+1} 的边删除形成一个多边形，此时多边形被线段 q_iq_{i+1} 分为两个区域（分别编号 v_i、v_{i+1}）。

Step3：利用三角网生长算法分别对 v_i 和 v_{i+1} 两个区域进行剖分（以 v_i 为例）。

① 建立堆栈 S，将 q_iq_{i+1} 边存入 S 中。

② 在 S 中以 q_iq_{i+1} 边作为基边，在 v_i 中找到距离 q_iq_{i+1} 边最近的点 A 并分别与 q_i、q_{i+1} 两个点相连接，将三角形 $q_iq_{i+1}A$ 存入三角集合 T。

③ 如线段 q_iA 或者线段 $q_{i+1}A$ 是 V_i 的某一边界，则不入栈；反之，将 q_iA 或 $q_{i+1}A$ 存入 S 中。

④ 如 S 不为空，返回②，否则退出。

⑤ 将 V_i 和 V_{i+1} 剖分处理后的三角形进行局部优化处理。

Step 4：重复以上步骤直至所有约束线段处理完毕，删除 Q 中最后一个数据，如图 5-9(c) 所示。

在图 5-10(a) 上可以找出与 q_iq_{i+1} 相交的三角形边分别是 AB、BD、DC，并将这三条边删除，形成多边形 $Aq_iBq_{i+1}D$。

图 5-10(b) 中线段 q_iq_{i+1} 将多边形划分为两个多边形，分别编号 V_i、V_{i+1}。

图 5-10(c) 中分别对 V_i、V_{i+1} 进行了剖分，嵌入约束线段。

（4）删除断层中的三角形，构建带断层约束的三角网格，具体步骤如下：

Step 1：将点集 q_iq_{i+1} 中的断层数据点相连接形成多边形 V_i、V_{i+1}。

Step 2：计算 T 中三角形 t_i 重心 $t_{i重}$；判断 $t_{i重}$ 是否在多边形内，如在则删除该三角形 t_i，直至多边形内所有三角形全部删除，如图 5-11 所示。

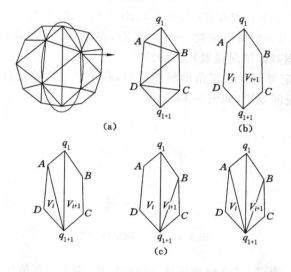

图 5-10　影响域剖分过程

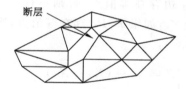

图 5-11　带断层约束的三角网格剖分

5.5.4　等值点计算与追踪

在构建三角网的基础上，逐个搜索三角形的边界边，查找是否有等值线经过。

设三角形顶点分别为 $p_1(X_1, Y_1, Z_1)$、$p_2(X_2, Y_2, Z_2)$、$p_3(X_3, Y_3, Z_3)$，X_i、Y_i 为第 i 个顶点的平面坐标，Z_i 为 i 点的纵向坐标，根据需要选择煤层底板高程或煤层厚度、瓦斯含量、瓦斯涌出量等值，等值点计算与追踪点步骤如下：

Step 1：存在等值线点为 Z_i（Z_i 位于 Z_1、Z_2、Z_3 三个值之间），进行以下判断：

$(Z_1 - Z_i)(Z_2 - Z_i) > 0$，$p_1 p_2$ 边不存在等值点，反之存在；

$(Z_2 - Z_i)(Z_3 - Z_i) > 0$，$p_2 p_3$ 边不存在等值点，反之存在；

$(Z_1-Z_i)(Z_3-Z_i)>0$，p_1p_3 边不存在等值点，反之存在。

如果三角形三个顶点存在 $(Z_1-Z_i)(Z_2-Z_i)(Z_3-Z_i)=0$ 时，称点 Z_i 为奇异点，此时利用一个微小正数 $\varepsilon=10^{1n}\times Z_i$，在计算机编程时取 $Z_i=Z_i+\varepsilon$（实际应用中 n 根据具体情况设置）进行处理。

Step 2：确定等值点在三角形所在边后，利用线性内插法计算等值点坐标。建立三角网的空间模型，如图 5-12 所示。

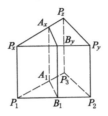

图 5-12   三角网空间模型

线段 A_xB_y 为 Z_h 的空间等值线，线段 A_1B_1 为空间等值线的平面投影。判断三角形 $P_1P_2P_3$ 中 P_1P_2 边上是否有等值点，如果空间三角形 $P_xP_yP_z$ 与 Z_h 的水平面相交，则 P_1P_2 边存在等值点，否则不存在。设 P_1 点的纵向坐标为 Z_1，P_2 点的纵向坐标为 Z_2，如果 P_1P_2 存在等值点，则该等值点的坐标通过线性内插法求得，见式(5-30)：

$$\begin{cases} X=X_1+(X_2-X_1)\dfrac{Z_h-Z_1}{Z_2-Z_1} \\ Y=Y_1+(Y_2-Y_1)\dfrac{Z_h-Z_1}{Z_2-Z_1} \end{cases} \tag{5-30}$$

Step 3：对该三角形的其他两条边重复 Step 2，得到等值线在此三角形的出点。

Step 4：将三角形的出点作为邻接三角形的入点，重复 Step 3，直到等值点在没有其他邻接三角形的边上，或者等值线封闭。

Step 5：重复以上步骤直至所有三角形全部搜索完毕。

Step 6：改变等值点的数值继续进行追踪，重复上述步骤，直至所有等值点追踪完毕。

完成等值点追踪后，需利用多项式差值公式进行等值线拟合，使等值线光滑，如图 5-13 所示。

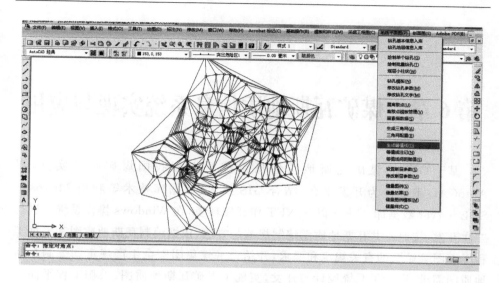

图 5-13 差值追踪生成等值线

5.6 本章小结

（1）通过瓦斯涌出量数据筛选方法研究，建立了瓦斯涌出量数据筛选数学模型，实现了瓦斯涌出量数据的自动筛选。

（2）建立了基于多变量的工作面瓦斯涌出量预测系统。采用灰色关联方法，确定了影响工作面瓦斯涌出量的主控因素，建立了工作面瓦斯涌出量预测模型，实现了工作面瓦斯涌出量中长期预测。

（3）利用 R/S 分析方法，研究工作面瓦斯涌出量随时间变化的规律。基于分形理论的时间序列方法建立了工作面瓦斯涌出量短期预测的数学模型，实现了工作面瓦斯涌出量实时自动预警。

第6章 煤矿瓦斯地质信息系统实现与应用

基于 GIS 的煤矿瓦斯地质信息系统是根据我国煤矿生产实际,以 AutoCAD 系统作为开发平台,结合 GIS 技术、数据库技术等利用 Microsoft SQL Server 数据库、C++以及.NET 作开发环境,在 Windows 操作系统下进行二次开发,按照矿井瓦斯地质图编制规范与方法,依据编制瓦斯地质图和采掘工程平面图等矿图的有关规定和要求,并结合平煤集团安全生产规定和编制瓦斯地质图需求,进行了系统设计与开发,实现了煤矿瓦斯地质图、采掘工程平面图等系列矿图自动编制以及工作面瓦斯涌出量预测预警等。

(1) 介绍了煤矿瓦斯地质信息系统、数据库、瓦斯地质图编制子系统、瓦斯地质协同管理子系统、基于 WebGIS 的瓦斯地质综合管理子系统和瓦斯地质预测子系统。

(2) 选择平煤十二矿己$_{15}$-17200 和己$_{15}$-31010 工作面作为实验区域,介绍了系统平台在工作面瓦斯涌出量预测预警方面的应用情况。

6.1 系统概述

6.1.1 系统特点

煤矿瓦斯地质信息系统按照集成化设计思想构建系统,使煤矿测量、通风、防突和瓦斯地质专业数据有机结合,采用面向对象的数据模型和动态链接库技术,实现系统的模块化设计、实时更新且高度集成化。系统具有以下特点:

(1) 系统充分利用 AutoCAD 与 GIS 软件的各自优势,既吸收了 AutoCAD 强大的图形编辑和处理等特点,又具有 GIS 软件在空间数据处理和分析方面特有的优势,将煤矿生产中海量的图形数据和空间数据有机结合,使数据处理的效率大幅提高。

（2）提出了煤矿基础空间数据融合的协同管理模式，将煤矿地质、测量、采掘、通风、设计、防突、调度等专业数据进行统一管理和应用，实现煤矿瓦斯地质图等系列矿图的自动编制、工作面瓦斯涌出量预测预警等。

（3）系统根据我国煤矿生产管理实际，将 C/S 模式和 B/S 模式有机结合，采用混合模式的 WebGIS 应用系统，便于推广应用。

（4）根据煤矿安全生产各专业需求，系统提供了模板设计和样式管理等实用工具，允许各专业技术人员根据自己的专业需要对软件功能进行灵活的定制。

（5）系统具有良好的可扩展性架构，设计了可扩展的数据结构，保障了系统的稳健性、灵活性及易维护性。

6.1.2　数据库建设

系统采用 Microsoft SQL Server 管理综合数据库，用 Microsoft SQL Server Express 来管理各子系统的数据库。数据库的建设严格执行国家和煤炭行业有关标准和规范、规程，系统综合数据库包含瓦斯信息、地质信息和开采、测量等综合信息三个子系统数据库，如图 6-1、图 6-2 所示。

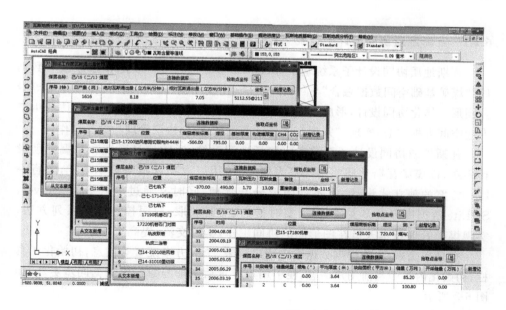

图 6-1　瓦斯地质数据管理

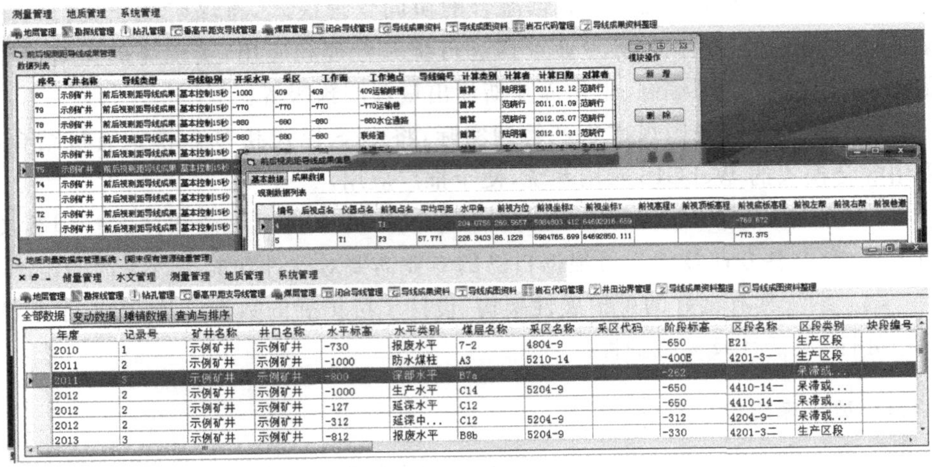

图 6-2　地测数据管理

6.2　工程应用

6.2.1　瓦斯地质协同设计子系统

瓦斯地质协同设计子系统基于 MetaMap GIS＋AutoCAD 技术实现"统一数据库""煤矿基础空间数据融合"与"协作共享",完成地测、通风、防突、瓦斯地质等专业图形一体化协同设计,形成涵盖地测、通风、防突等多种矿图数据于一体的生产专业空间数据中心,实现矿井生产信息动态更新、综合协调管理与共享协作。

瓦斯地质协同设计子系统主要包括地测系统、通防信息系统和采掘辅助设计系统,以煤矿瓦斯地质"一张图"为理念,采用以解决方案为基本单元,实行一图一方案的独立式设计,对不同图形分开管理,同时又通过加入 SQL Server、SQLite 数据库以及多文档监视、实时推送、实时获取、权限控制等一系列方法,实现煤矿管理技术人员在图形间的协同工作,实时交流,提高工作效率。

登录系统后,系统根据数据库中用户权限、个人方案配置等信息,初始化工具栏,初始化内存中当前用户信息,便于用户登录后图形与数据库数据同步更新,如图 6-3 所示。

（1）图纸的获取和更新

采用解决方案的方式管理图形,不同专业技术人员根据需要选择服务器或者本地图层,生成所需专业图形,然后将图层上传,实现与其他用户共享和更新。

图 6-3　登录界面

　　不同专业技术人员修改后的图层，签入图层，系统自动检测当前图形中修改的图层，将修改后的图层上传，同时通知其他正在使用该图层的用户，该图层已进行修改，如图 6-4 所示。

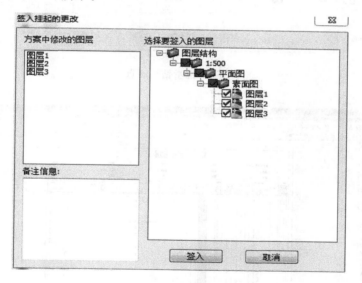

图 6-4　签入修改的图层

（2）地质测量子系统

　　地质测量子系统是面向煤矿地测部门的矿井地质测量管理软件。通过建立专用的空间信息数据库，实现对地质和测量数据的管理；相关图件的绘制如采掘工程平面图、储量计算图、地质柱状图、剖面图和等值线生成；同时完成为瓦斯地质系统提供空间基础数据的功能。

　　系统根据钻孔信息，可以进行图上批量钻孔的自动展点和柱状图绘制，并根据需要进行增加、删减等修改，如图 6-5、图 6-6 所示。系统还能根据煤矿生产中煤层揭露信息编辑绘制区域地质小柱状，如图 6-7 所示。

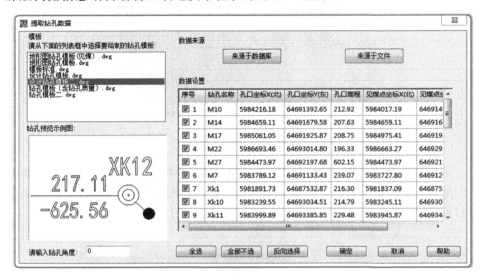

图 6-5　批量钻孔展点

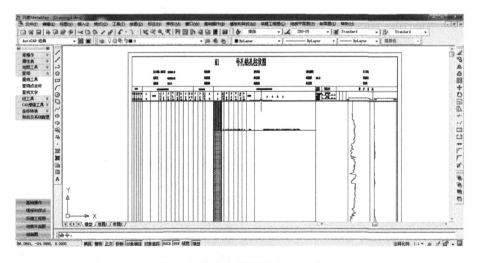

图 6-6　单孔柱状图的自动生成

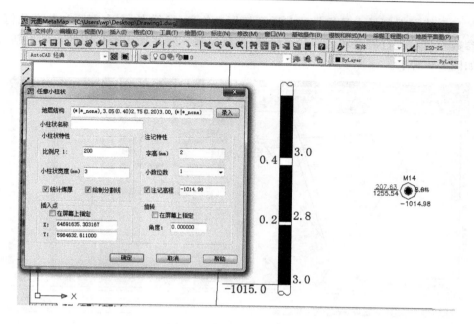

图 6-7　小柱状编辑和绘制

系统通过建立煤层底板三维数字高程模型、瓦斯预测数字模型,使用户在煤层底板等高线图、瓦斯含量(涌出量)等值线图上,根据需要进行任意位置、方向的切割,并自动绘制其剖面图。帮助工程技术人员进行有关煤层变化、瓦斯涌出量分布的空间分析,为开采设计提供依据,如图 6-8 所示。

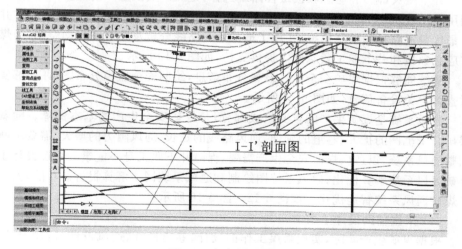

图 6-8　任意剖面图绘制

　　系统根据测量人员提供的巷道开拓掘进信息（导线点、左右帮距和巷道几何参数），自动进行展点和延伸巷道绘制，实现采掘工程平面图等矿图的自动更新，如图 6-9 所示。

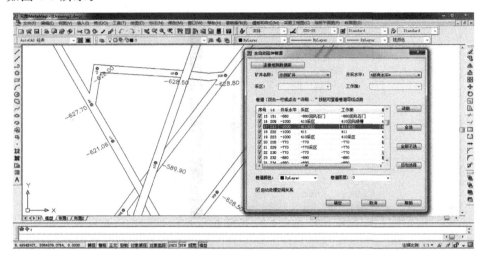

图 6-9　延伸巷道绘制

（3）通防子系统

　　通防子系统主要实现通风系统图、抽放系统图、防尘系统图和监控系统图的绘制管理以及矿井通风相关数据检查、风阻计算和通风网络解算等功能。

　　井下避灾（险）和应急救援最佳路线选择，是煤矿安全生产的重要工作，系统利用 GIS 空间分析技术，按照通行路径安全、通行时间最短原则，构建了煤矿井下最优避灾路径的数字模拟，实现了最佳避灾路线分析及路线图自动绘制，为煤矿应急救援和井下职工紧急避灾提供支持，如图 6-10 所示。

　　系统能够根据煤矿安全监控设备分布信息，绘制安全监控分布图，并能够实时查询有关设备信息，如图 6-11 所示。

　　通风系统是煤矿生产的重要组成部分，是煤矿安全生产的基本保障。随着煤矿开采范围的扩大、巷道的延伸、通风路线的延长、通风阻力的增大，需要不断调整通风系统，以适应煤矿安全生产需要，保障井下职工身心健康。系统设计了煤矿通风系统解算优化、通风系统图绘制和通风系统网络解算报告等功能，实现了煤矿通风系统智能优化。如图 6-12～图 6-16 所示。

（4）采掘辅助设计子系统

　　根据煤矿生产实际，实现采煤工作面设计、巷道设计、通风设计、运输设计、机电设计以及采掘工程设计等功能，如图 6-17 所示。

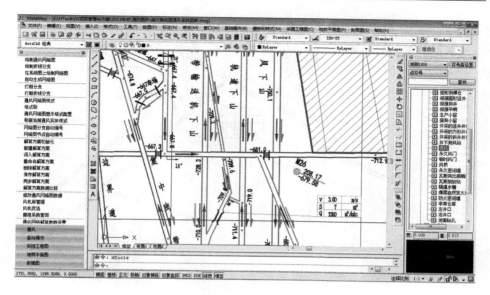

图 6-10 避灾路线图绘制

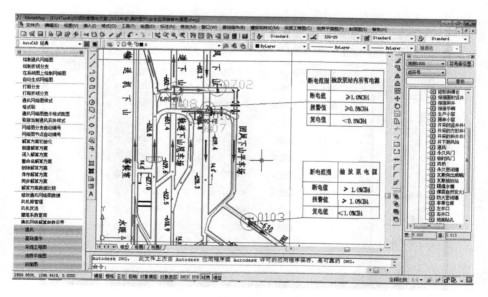

图 6-11 安全监控布置图绘制

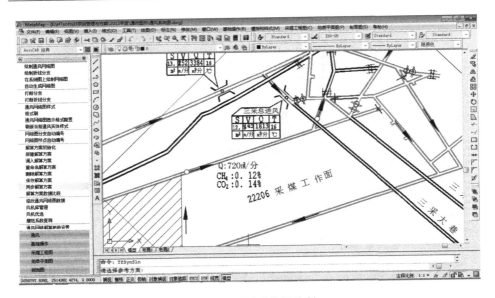

图 6-12　通风系统图绘制

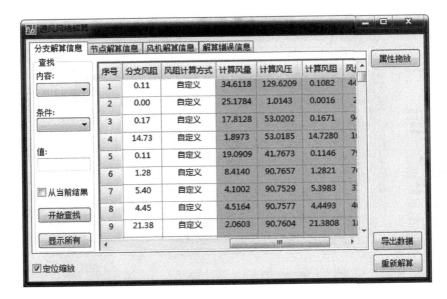

图 6-13　通风解算

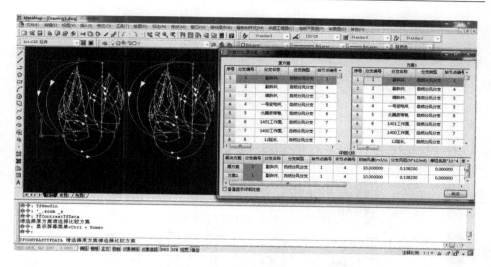

图 6-14　通风解算方案在线比较

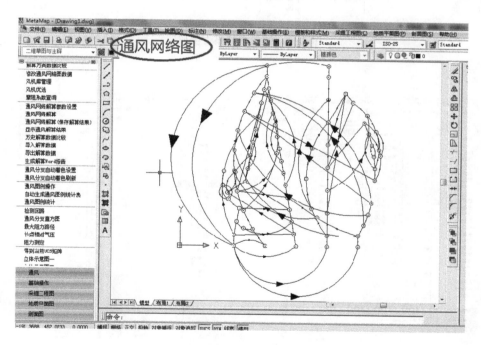

图 6-15　生成通风网络图

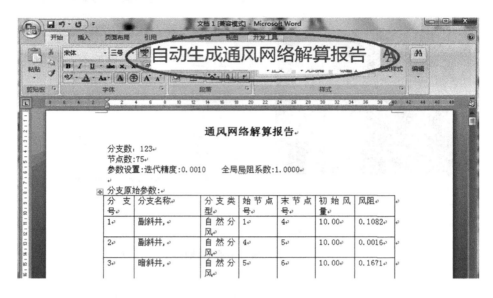

图 6-16　通风解算报告生成

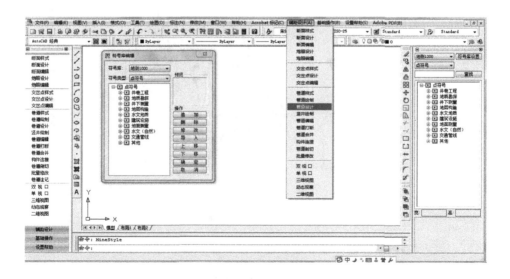

图 6-17　采掘辅助设计子系统

6.2.2　瓦斯地质图编制子系统

瓦斯地质图编制子系统是以瓦斯地质理论为指导,与 GIS 技术相结合,集数据管理、图件生成等功能于一体,主要功能包括瓦斯地质资料的信息化管理、瓦斯地质分析、深部瓦斯地质图自动更新和工作面瓦斯地质图自动生成。

（1）瓦斯地质基础数据管理

瓦斯地质基础数据管理功能主要是指瓦斯基本参数管理和地质数据管理,实现瓦斯压力、瓦斯含量、瓦斯涌出量、瓦斯动力现象等矿井瓦斯参数的存储管理和绘图。

（2）瓦斯地质分析

① 瓦斯参数预测及等值线绘制

根据煤矿瓦斯地质规律和构建的瓦斯预测模型,对未知区域的矿井瓦斯压力、瓦斯含量等矿井瓦斯基本参数进行预测,并实现瓦斯压力、瓦斯含量及瓦斯涌出量等瓦斯参数的等值线图自动绘制,如图 6-18、图 6-19 所示。

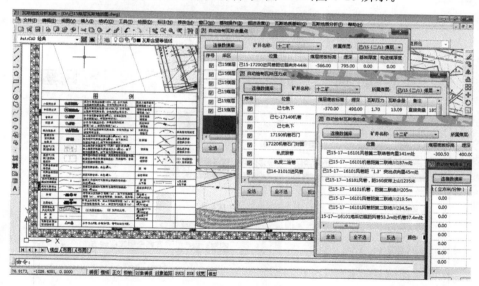

图 6-18　瓦斯参数点自动绘制

② 地质参数预测及等值线绘制

根据已采区域煤层赋存情况、构造煤分布情况以及地勘期间钻孔资料,进行煤层产状及构造煤厚度赋存规律分析,对深部煤层状态进行预测,自动生成煤层厚度、埋深、上覆基岩厚度等相关地质参数等值线图,如图 6-20～图 6-23 所示。

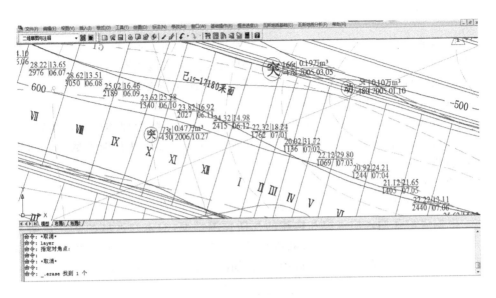

图 6-19　自动展点效果

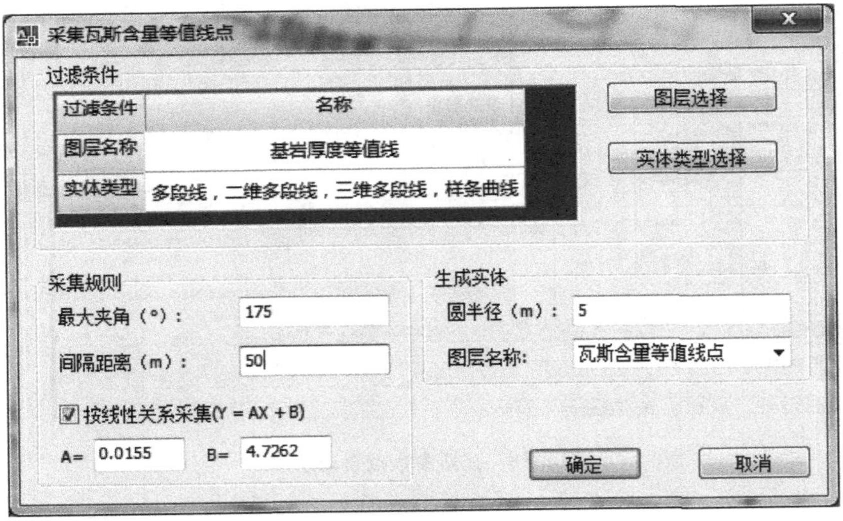

图 6-20　采集上覆基岩厚度等值线点

图 6-21 相关等值线生成

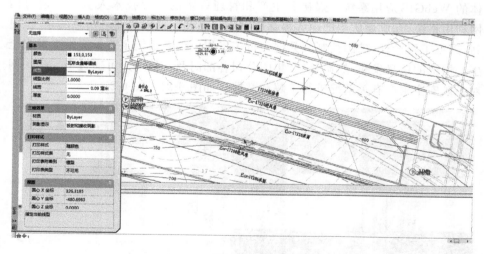

图 6-22 瓦斯含量等值线结果展示

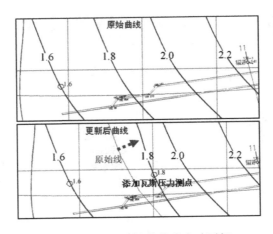

图 6-23　瓦斯压力等值线自动更新

6.2.3　基于 WebGIS 的瓦斯地质综合管理子系统

　　系统采用 C/S 和 B/S 有机结合的混合模式下的 WebGIS 模式,将集团内网和 Internet 外网以物理逻辑进行隔离,系统各部分功能根据其特点和工作需要分别以两种不同模式实现,两种模式共用一个核心空间数据库,集合成为一个整体的 WebGIS 应用系统。煤矿各生产和管理科室的工程技术人员主要通过内网利用系统,完成煤矿生产中各种基础空间信息和瓦斯地质监测信息的录入、更新,采掘工程设计,矿图绘制和数据分析等工作。外网系统主要是提供煤矿安全生产情况的信息发布,煤矿领导、集团公司各部门及其他用户可通过 Internet 网对各矿安全生产有关情况进行了解和掌握。如图 6-24～图 6-27 所示。

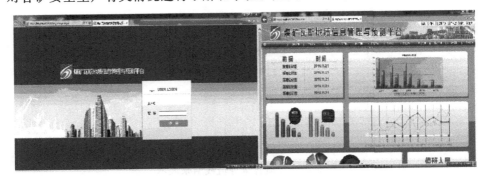

图 6-24　登录界面及数据发布

图 6-25　报表模板管理

图 6-26　统计分析查询

6.2.4　瓦斯地质预测子系统

瓦斯地质预测子系统包含瓦斯涌出量预测预警、采掘进尺报警和信息发布三个功能模块。

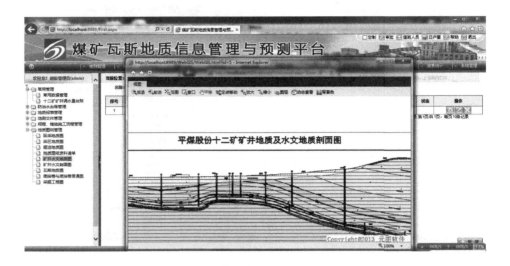

图 6-27　WebGIS 浏览图形

　　系统根据煤矿监测数据,结合掌握的煤矿瓦斯地质规律,构建工作面瓦斯涌出量预测模型,进行工作面瓦斯涌出量预测。

6.2.4.1　实验区概况

　　平顶山天安煤业股份有限公司十二矿位于平顶山矿区东部,距市区 9 km,井田南北长约 5 km,东西宽约 3 km,井田面积 15 km^2。该矿始建于 1958 年,1960 年投入生产,现核定生产能力约 140 万 t/a,为高瓦斯突出矿井。主要含煤地层为山西组和下石盒子组,煤层总厚度为 25.31～35.5 m,可采煤层总厚度 5.97 m,主要可采煤层和局部可采煤层有 8 层。其中,丁$_{5-6}$、丁$_7$、戊$_{9-10}$、戊$_{11-13}$ 已由十矿开采,十二矿现开采煤层仅为山西组己$_{15}$、己$_{16-17}$ 和太原组庚$_{20}$ 煤层。十二矿自 1989 年 1 月发生第一次煤与瓦斯突出以来,共发生煤与瓦斯突出 27 次,动力现象 9 次,为瓦斯严重突出矿井。本书以该矿己$_{15}$-17200 和己$_{15}$-31010 工作面作为实验区,对煤矿瓦斯地质信息系统进行工程应用研究。己$_{15}$-17200 工作面于 2013 年 11 月份已经回采完成,瓦斯涌出量数据较为齐全,系统利用灰色系统预测模块,根据实测数据分析 17200 工作面的瓦斯涌出量规律,建立数学模型,并回归到己$_{15}$-17200 采煤工作面进行验证。而己$_{15}$-31010 工作面为一新工作面,2014 年投入生产,根据对己$_{15}$-17200 工作面分析建立的数学模型,采用分形理论预警模块,对己$_{15}$-31010 工作面未回采位置进行预测预警,实时显示瓦斯涌出量大小,及时调整瓦斯涌出量治理措施,保证工作面安全生产。

己$_{15}$-17200 工作面位于己七采区下部,南邻己$_{15}$-17180 采空区,北邻己$_{15}$-17220 未开采工作面,东接矿井四条下山,西邻十矿井田边界,地面标高+170~+220 m,工作面标高−483~−574 m,走向长 920 m,可采走向长 762.5 m,切眼斜长 225.3 m,煤厚 3~3.5 m,平均煤厚 3.15 m,煤层倾角 10°~40°,平均倾角 19°,煤炭储量约 68.269 万 t,如图 6-28 所示。该工作面煤层顶部主要分布浅灰至灰白色、细至中粒砂岩,中等厚度,主要成分为石英,其次为长石,次棱角至次圆状,具有一定的分选性,硅、泥质胶结,层面富含碳质及白云母片。部分区域分布有粉砂岩或砂质泥岩夹细粒砂岩,呈带状,含菱铁矿及植物化石,平均厚 6 m,全区稳定。底部常分布有暗至深灰色砂质泥岩或泥岩,零星出现暗黑泥岩或碳质泥岩伪底,厚度 0~1.85 m,平均 0.22 m,间接底板常为深灰色砂质泥岩,局部为薄层细粒砂岩。原始瓦斯压力 2.6 MPa,原始瓦斯含量 15.26 m^3/t,根据有关文件规定,该工作面属突出危险区域。

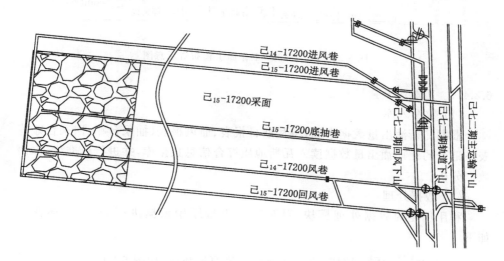

图 6-28　己$_{15}$-17200 工作面工程布置示意图

己$_{15}$-31010 工作面位于三水平位置,是己$_{15}$煤层位于该水平的第一个工作面。南邻北山风井保护煤柱线,北部为未开采区域,东邻八矿井田边界,西接四条下山。底板标高−705~−775 m,相应地面标高为+270~+325 m。走向 1 068 m,可采走向长 950 m,切眼设计长度 218.5 m,煤厚 3.0~3.8 m,平均煤厚 3.3 m,煤层容重 1.31 t/m^3,煤层倾角 3°~9°,平均倾角 5°,可采储量 90 万 t,如图 6-29 所示。该工作面直接顶板分布有深灰色砂质泥岩,平均厚 4.7 m 左右,基本顶有浅灰色细砂岩含云母片,平均厚 2.6 m。直接底分布有灰色砂质泥岩,平均厚 0.8 m,基本底分布灰色砂质泥岩,平均厚 1.0 m。煤层原始瓦斯压力 1.78 MPa,原始瓦斯含量 15.26 m³/t,主要突出指标超过《防治煤与瓦斯突出规定》给出的参考临界值,因此,该工作面处于突出危险区域,严格按照突出危险工作面管理。

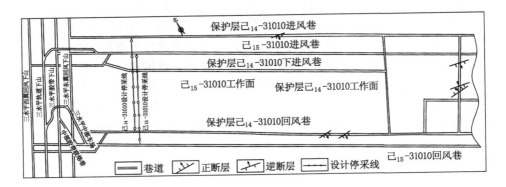

图 6-29   己$_{15}$-31010 工作面工程布置示意图

6.2.4.2 瓦斯涌出量预测过程

（1）数据入库

根据瓦斯涌出量数据来源,将瓦斯日报表、通风报表、抽采台账、回采台账等表格记录的瓦斯涌出量数据读入瓦斯地质综合信息数据库,并进行标准化,方便数据分析。

（2）数据处理

利用创建的数据处理模块,对瓦斯涌出量原始数据进行处理,具体操作如下:

① 点击 导入样本 按钮,添加瓦斯涌出量原始数据,如图 6-30 所示。

② 添加原始数据以后,系统提供 全选 、全不选 、反选 三个模式,用户可以按工作需要预测区域对原始数据进行选择,如图 6-30 所示。

③ 选择完数据以后,点击 筛选 按钮,系统筛选出符合预测要求的瓦斯涌出量数据,如图 6-31 所示。

④ 数据筛选之后,点击 生成表格 按钮,系统可以自动将筛选后的数据生成瓦斯涌出量统计表格,见表 6-1、表 6-2。

图 6-30　数据导入及选择

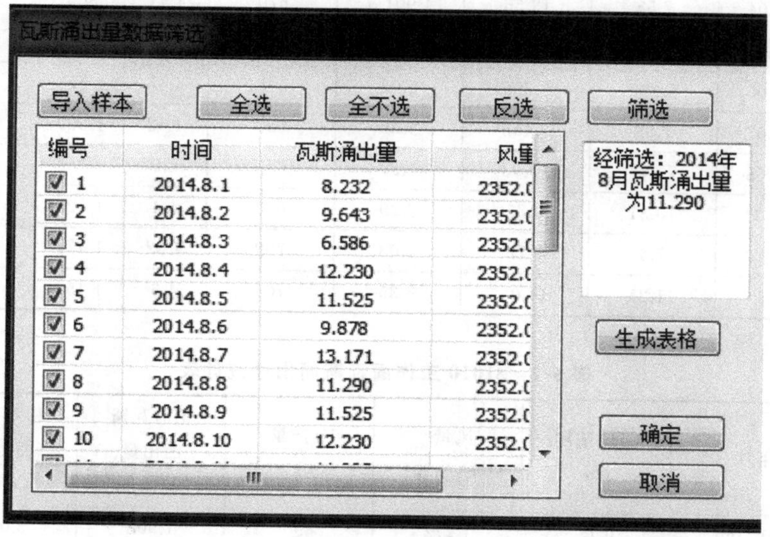

图 6-31　涌出量数据处理显示

表 6-1　己15-17200 工作面瓦斯涌出量统计表

年月	绝对瓦斯涌出量/(m³/min)	相对瓦斯涌出量/(m³/t)	煤层原始瓦斯含量/(m³/t)	煤层上覆基岩厚度/m	煤厚度/m	日产量/t	泥岩厚度/m
2012.03	4.47	9.1	4.848 9	675	4	707	8.7
2012.04	7.58	8.27	3.789 3	672	4.03	1 320	8.8
2012.05	7.44	10.33	4.742 9	670	4.05	1 037	8.9
2012.06	8.51	10.37	6.035 5	668	4.08	1 182	9
2012.07	8.51	10.37	6.035 5	666	4.1	1 182	8.9
2012.08	7.46	11.94	4.886 9	665	4.14	900	8.8
2012.09	7.51	10.14	5.75	664	4.17	1 066	8.7
2012.10	8.42	12.12	5.848 5	663	4.2	1 000	8.4
2012.11	8.03	7.71	4.973 9	662	4.24	1 500	8.2
2012.12	8.77	11.08	8.85	665	4.28	1 139	8
2013.01	8.22	10.47	6.3	664	4.32	1 130	7.7
2013.02	8.58	15.35	4.495	666	4.36	780	7.4
2013.03	7.97	9.56	5.94	668	4.4	1 201	7
2013.04	7.58	13.56	4.901 5	670	4.41	805	6.6
2013.05	6.745	6.352	5.95	674	4.42	1 529	6
2013.06	7.385	7.205	6.05	678	4.45	1 476	5.5
2013.07	7.82	7.458	6.36	680	4.42	1 529	4.8
2013.08	7.547	10.33	4.39	687	4.5	1 052	4
2013.09	10.31	9.75	8.29	695	4.4	1 523	3.7
2013.10	7.9	7.72	4.08	702	4.32	1 474	3.3
2013.11	11.21	14.04	8.35	708	4.3	1 150	3

表 6-2　31010 工作面瓦斯涌出量统计表

年月	CH₄ 浓度/%	风量/(m³/min)	日产量/t	绝对瓦斯涌出量/(m³/min)	相对瓦斯涌出量/(m³/t)
2014.06	0.15	1 272	890	1.908	3.087
2014.07	0.28	2 208	1 000	6.182	8.902
2014.08	0.47	2 352	1 100	11.289	14.78

（3）瓦斯涌出量预测

利用灰色预测模块对预处理后的瓦斯涌出量数据进行分析，确定影响工作面瓦斯涌出量的主要因素，建立预测数学模型，其步骤如下：

① 点击 添加样本数据 按钮，加入经过筛选的样本数据，如图 6-32 所示。

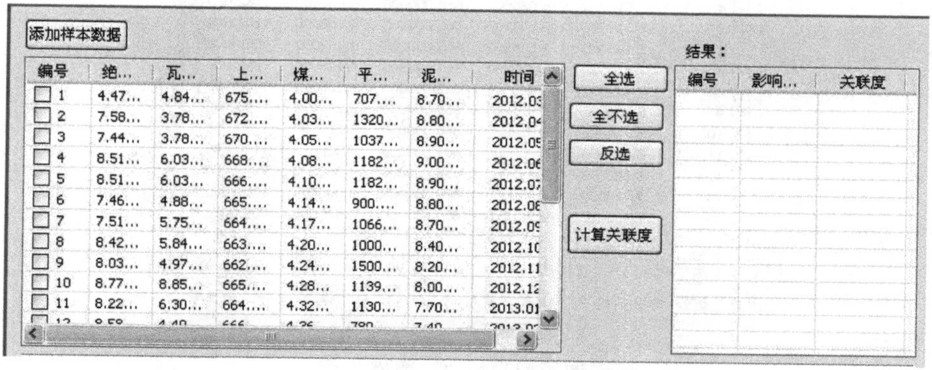

图 6-32　样本数据添加

② 点击模块中的 全选 按钮，也可以点击样本数据编号前面的选择方框，一一进行选择，之后点击模块中的 计算关联度 按钮，模块右侧就会出现计算结果，如图 6-33 所示。

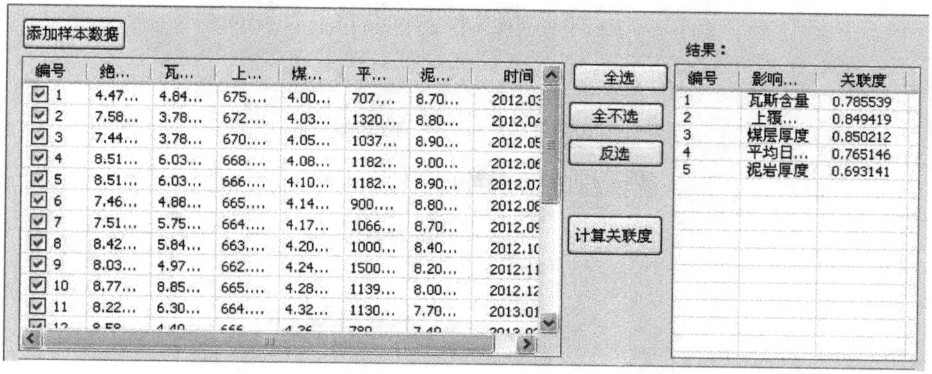

图 6-33　关联系统分析结果

③ 把数据导入到预测模块,如图 6-34 所示。

图 6-34　构建预测模型

④ 点击系统中的 获取公式 按钮,建立灰色系统预警模型,预测未开采区域的瓦斯涌出量,如图 6-35 所示。

图 6-35　预测系统

⑤ 在系统预测栏框中输入未开采区域的各影响因素数值，点击 预算 按钮就可以得到瓦斯涌出量预测结果，如图 6-36 所示。

图 6-36　模型预测结果

⑥ 在预测系统点击 残差检验 按钮，可以对预测值进行残差检验，结果如图 6-37 所示，平均相对残差为 10.85%，精度为 89%。

通过瓦斯涌出量预测模块对 17200 工作面进行分析，得出影响瓦斯涌出量的因素由大到小依此是煤层厚度 X_3、瓦斯含量 X_1、上覆基岩厚度 X_2、平均日产量 X_4 和泥岩厚度 X_5，并建立数学模型：

$$Y_n = 0.916\,017 + 0.836\,7X_1 + 0.035\,85X_2 - 3.943\,732X_3 -$$
$$0.002\,429X_4 - 0.206\,496X_5 \tag{6-1}$$

（4）瓦斯涌出量预警

① 利用灰色系统预测模块，根据已15-31010 工作面最新的瓦斯监测统计数据，预测工作面的瓦斯涌出量，结果如图 6-37 所示。

② 预警模块中，点击 导入样本 按钮，可以从瓦斯涌出量数据库中导入样本数据，并设置有 全选 、 全不选 、 反选 按钮方便操作，如图 6-38 所示。

图 6-37　31010 工作面 8 月份预测结果

图 6-38　预警模块的数据添加

③ 点击 获取Host指数 按钮可以获得数据的分形特征,根据分形理论模型进行瓦斯涌出量的预算;在设置临界值位置,生产技术人员可以根据矿井实际情况和有关规定输入设定的临界值数值,如图 6-38 所示。

④ 点击 [预算] 按钮,就可以得到预算结果,与设定的临界值比较,31010工作面 8 月份设定临界值为 13.12 m³/min,预算临界值为 10.27 m³/min,小于设定的临界值,因此系统显示绿色报警。

⑤ 根据预算结果,实现工作面瓦斯地质图预警,如图 6-39 所示。

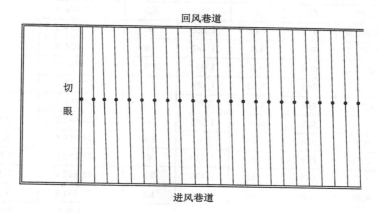

图 6-39　工作面预警结果显示

工作面瓦斯地质图中显示红点表示瓦斯涌出量超出临界值,显示绿点表示未超出临界值。通过工作面瓦斯预警可以提前预知未采区瓦斯涌出量,做到超前治理,提高工作面瓦斯地质图的实用性,保证煤矿安全生产。

6.2.4.3　预测结果分析

（1）瓦斯涌出量数据处理分析

煤矿生产中,每天都会采集大量的瓦斯参数检测数据,因此煤矿瓦斯地质信息是海量的。如何快速高效地处理这些海量数据,成为煤矿地质工作者的一个重要任务。系统采用百分位数法自动处理瓦斯涌出量数据,其筛选结果与人为选择结果一致,避免了数据处理时的人为差错,同时也减轻了工作人员的负担,为瓦斯地质图编制节省了大量时间。

（2）预测结果与分析

通过对 17200 工作面瓦斯涌出量预测结果与实测值进行对比（表 6-3、图 6-40）,可以看出,系统预测的工作面瓦斯涌出量结果及变化趋势与实测的瓦斯涌出量及变化趋势基本一致,平均误差为 0.57,最大误差仅为 0.9,说明系统建立的预测模型正确,预测结果可靠,为矿井瓦斯涌出量的预测等值线绘制及工作面瓦斯地质图的编制提供了可靠依据。

表 6-3 17200 工作面瓦斯涌出量预测结果对比统计

序号	瓦斯含量 /(m³/t)	上覆基岩 厚度/m	煤层厚度 /m	平均 日产量/t	泥岩厚度 /m	瓦斯涌出量 预测值 /(m³/t)	瓦斯涌出量 实测值 /(m³/min)
1	3.789 3	672	4.03	1 320	8.8	7.261 039 6	7.58
2	4.742 9	670	4.05	1 037	8.9	8.575 099 4	7.44
3	6.035 5	668	4.08	1 182	9	9.093 751 3	8.51
4	6.035 5	666	4.1	1 182	8.9	8.963 826 3	8.51
5	5.848 5	663	4.2	1 000	8.4	8.850 766 2	8.42
6	6.3	664	4.32	1 130	7.7	8.619 915 6	8.22
7	4.495	666	4.36	780	7.4	7.935 721 6	8.58
8	5.94	668	4.4	1 201	7	8.118 693 2	7.97
9	4.901 5	670	4.41	805	6.6	8.326 525 3	7.58
10	5.95	674	4.42	1 529	6	7.673 069 6	6.745
11	6.05	678	4.45	1 476	5.5	8.013 812 6	7.385
12	6.36	680	4.42	1 529	4.8	8.479 011 8	7.82
13	4.39	687	4.5	1 052	4	8.089 994	7.547
14	8.29	695	4.4	1 523	3.7	10.952 187	10.31
15	4.08	702	4.32	1 474	3.3	8.197 748	7.9

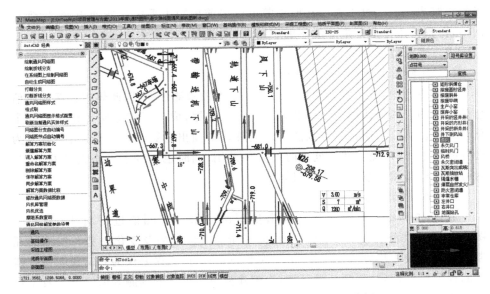

图 6-40 17200 工作面瓦斯涌出量预测结果分析

根据预测结果,划定瓦斯突出危险区,当工作区域掘进头邻近或进入危险区时,通过网络或手机、IM 端向特定用户发送预警信息,如图 6-41～图 6-43 所示。

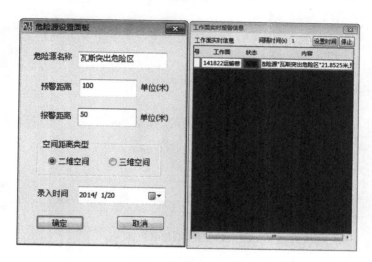

图 6-41　危险源设置与工作面实时报警

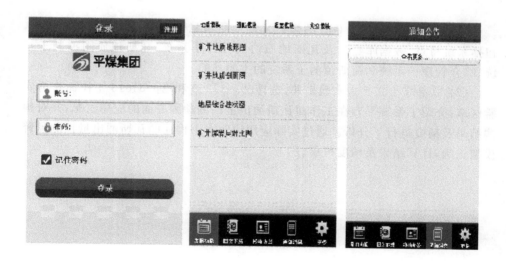

图 6-42　手机端信息发布

图 6-43　IM 端信息发布

6.3　本章小结

（1）系统介绍了基于 GIS 的煤矿瓦斯地质信息管理系统平台的建设情况，包括系统特点、数据库建设及瓦斯地质协同设计子系统、瓦斯地质图编制子系统、综合管理子系统和瓦斯预测子系统的主要功能。

（2）以平煤十二矿为实验矿井，选择已$_{15}$-17200 和已$_{15}$-31010 工作面作为实验区域，介绍了系统平台在工作面瓦斯涌出量预测预警方面的应用情况，并对预测结果及精度进行了分析。通过实际应用说明本书构建的瓦斯涌出量预测预警模型正确，计算结果及精度可靠。

第 7 章　结论与展望

7.1　主要结论

　　瓦斯地质研究是煤矿瓦斯防治和煤层气开发的重要基础,瓦斯地质信息化是瓦斯地质研究的重要发展方向,我国煤矿瓦斯地质信息化建设还处于起步阶段。深入开展煤矿瓦斯地质信息化研究和系统开发,对真正实现煤矿管理现代化和信息化、保障煤矿安全高效生产、提升瓦斯地质学科发展都具有重要意义。

　　受国家"十二五"科技重大专项课题"全国重点煤矿区瓦斯(煤层气)赋存规律和控制因素"(2011ZX05040-005)和企业重大科技攻关项目"平顶山矿区瓦斯赋存规律研究""平煤股份瓦斯地质信息管理与辅助决策平台研究与开发"资助,本书在分析目前国内外煤矿瓦斯监测数据处理、瓦斯涌出量预测预警研究现状及存在问题的基础上,针对煤矿基础空间数据管理模式、瓦斯监测数据筛选处理、瓦斯涌出量预测预警方法和基于 GIS 的煤矿瓦斯地质信息系统开发技术进行了研究。以平煤十二矿为实验区,重点分析研究了影响煤与瓦斯突出的主要地质条件和因素,建立了瓦斯涌出量预测预警模型,对开发的煤矿瓦斯地质信息系统进行了应用验证。主要工作如下:

　　(1)平顶山矿区自印支期尤其是燕山早中期以来除受华北板块控制之外,更主要的是受秦岭造山带多次挤压、剪切作用的控制;平顶山矿区主要受北西西向和北北东向两个方向构造的控制,北西西向构造以挤压、剪切作用为主,北北东向构造以拉张作用为主,矿区东部瓦斯地质单元北西、北西西向构造尤其褶皱构造较西部瓦斯地质单元发育是矿区瓦斯赋存表现为东高西低的根本原因。

　　(2)分析了构造应力作用下褶皱构造对瓦斯赋存及瓦斯突出的控制作用:在褶皱形成过程中,由于煤岩力学性质的差异,煤层发生层间滑动;同时由于层间剪切及夹矸造成的局部应力集中,破碎煤体,形成一定厚度的构造煤。在现代应力场作用下,由于煤层和围岩力学性质相差较大,层间变形不同步,使背斜两翼一定范围内剪应力集中,增加了煤体的弹性能,是瓦斯突出严重的主要原因。运用有限单元法,利用 ANSYS 软件对矿区东部三个煤矿现代应力作用下褶皱对煤与瓦斯突出的影响进行了数值模拟分析。

（3）针对我国煤矿目前信息管理模式存在的数据格式不统一、更新滞后、收集困难等问题，建立煤矿基础空间数据融合与协同管理系统，实现矿井地质、测量、通风、采掘、设计、调度、动态监控等专业数据信息的动态集成与协同管理。

（4）建立基于多变量的工作面瓦斯涌出量预测系统。采用灰色关联方法，确定影响工作面瓦斯涌出量的主控因素，建立了工作面瓦斯涌出量预测模型，实现了工作面瓦斯涌出量中长期预测。

（5）利用 R/S 分析方法，研究了工作面瓦斯涌出量随时间变化的规律，基于分形理论的时间序列方法建立了工作面瓦斯涌出量短期预测的数学模型，实现了工作面瓦斯涌出量实时自动预警。

（6）提出了基于 GIS 的煤矿瓦斯地质信息系统的系统架构、数据处理等功能模块的总体设计思想，以 AutoCAD 为开发平台，结合 GIS 技术和瓦斯赋存构造逐级控制理论，开发了基于 GIS 的瓦斯地质信息系统，实现了瓦斯地质信息和煤矿基础空间信息的科学管理、动态更新及工作面瓦斯涌出量的预测预警。

7.2 主要创新点

（1）提出了煤矿地质信息系统构架，构建了煤矿瓦斯地质协同管理系统，实现了瓦斯地质动态信息集成与协同管理。

（2）利用灰色系统理论和基于时间序列的分形理论，建立了多影响因素的瓦斯涌出量预测模型，提高了预测精度，实现了瓦斯涌出量的短、中、长期预测和实时动态预警。

（3）开发了基于 GIS 的煤矿瓦斯地质信息系统，为煤矿"信息孤岛"问题的解决提供了一种初步方案，实现了煤矿瓦斯地质图等矿图的自动编制和工作面瓦斯涌出量预测，为瓦斯地质信息化的发展奠定了基础。

7.3 进一步打算和展望

由于煤矿瓦斯地质信息系统是一个复杂而庞大系统，涉及煤矿安全生产的多个专业，还有许多问题需要进一步研究解决。今后应在以下几个方面继续开展研究工作：

（1）研究利用瓦斯地质理论，解释煤矿顶板压力检测数据的变化规律以及和地应力、煤与瓦斯突出、瓦斯涌出量变化之间的关系。

（2）在矿井深部地应力成为诱导突出的主要原因，通过研究得到地应力分布规律,结合工作面顶板压力监测数据,实现煤与瓦斯突出预测预警。

（3）根据煤矿工作面瓦斯抽采钻孔获取的数据,研究工作面的瓦斯赋存、构造煤和构造分布特征。

（4）根据工作面瓦斯抽采监测数据,研究工作面采动影响下瓦斯赋存分布的变化规律。

（5）煤矿开采是一个动态的时空过程,研究煤矿三维空间可视化与瓦斯地质理论的结合,实现煤矿瓦斯赋存的三维可视化表达。

参 考 文 献

［1］刘文华.能源供应保障有力 能耗强度继续下降［EB/OL］.［2021-02-02］.ht-tp://m.ce.cn/bwzg/202101/19/t20210119_36237082.shtml.

［2］朱妍.中国工程院院士康红普：“十四五”煤炭消费需多少产多少［N］.中国能源报,2019-12-16(16).

［3］叶兰.我国瓦斯事故规律及预防措施研究［J］.中国煤层气,2020,17(4)：44-47.

［4］孙翠芝.“十二五”期间煤炭行业面临六大难题［J］.煤炭加工与综合利用,2012(3)：12.

［5］张子敏,吴吟.中国煤矿瓦斯地质规律及编图［M］.徐州：中国矿业大学出版社,2014.

［6］李玲.全球第二大温室气体减排再迎新试点［EB/OL］.［2020-02-15］.https://baijiahao.baidu.com/s? id＝1690268705910329349andwfr＝spiderandfor＝pc.

［7］中国能源网.我国甲烷排放量世界居首,甲烷减排与利用政策制定刻不容缓［EB/OL］.［2020.02.19］.https://www.china5e.com/news/news-1080796-1.html.

［8］国家安全生产监督管理总局,国家煤矿安全监察局.煤矿安全规程［M］.北京：煤炭工业出版社,2016.

［9］国家安全生产监督管理总局,国家煤矿安全监察局.防治煤与瓦斯突出细则［M］.北京：煤炭工业出版社,2019.

［10］JOHANSSON B,KARLSSON C,STOUGH R.The emerging digital ee-onomy［M］.Washington：Springer,2006.

［11］斯莱沃斯基,莫里森,黄素燕,等.数字化企业［M］.刘文军,译.北京：中信出版社,2001.

［12］胡锦涛.中国共产党第十八次全国代表大会文件汇编［M］.北京：人民出版社,2012.

［13］本书编写组.中国共产党第十九次全国代表大会文件汇编［M］.北京：人民

出版社,2017.

[14] 李从科.我国煤矿信息化建设的现状和趋势[J].中国科技财富,2011,(19):101.

[15] 煤矿信息化建设目标[EB/OL].[2020-02-14].https://www.docin.com/p-605995171.html.

[16] 吉马科夫.为解决采矿安全问题而预测含煤地层瓦斯含量的地质基础[C]//第十七届国际采矿安全研究会议论文选集.北京:煤炭工业部科技情报所,1980.

[17] 彼特罗祥.煤矿沼气涌出[M].宋世钊,译.北京:煤炭工业出版社,1983.

[18] MCKEE C R,BUMB A C,KOENIG R A.Stress-dependent permeability and porosity of coal[J].SPE formation evaluation,1988,3(1):81-91.

[19] GAWUGA J.Flow of gas through stressed carboniferous strata[D].Nottingham:University of Nottingham,1979.

[20] FRODSHAM K,GAYER R A.The impact of tectonic deformation upon coal seams in the South Wales coalfield,UK[J].International journal of coal geology,1999,38(3-4):297-332.

[21] LI H Y,OGAWA Y.Pore structure of sheared coals and related coalbed methane[J].Environmental geology,2001,40(11-12):1455-1461.

[22] LI H Y,OGAWA Y,SHIMADA S.Mechanism of methane flow through sheared coals and its role on methane recovery[J].Fuel,2003,82(10):1271-1279.

[23] SHEPHERD J,RIXON L K,GRIFFITHS L.Outbursts and geological structures in coal mines:a review[J].International journal of rock mechanics and mining sciences and geomechanics abstracts,1981,18(4):267-283.

[24] ENEVER J R E,HENNING A.The relationship between permeability and effective stress for Australian coals and its implications with respect to coalbed methane exploration and reservoir modelling[C]//1997 International Coalbed Methane Symposium,May 12-17,1997,Bryant Conference Center,University of Alabama,Tuscaloosa,Alabama,USA,1997:13-22.

[25] 扎比盖洛.顿巴斯煤层突出的地质条件[M].左德堃,孙本凯,译.北京:煤炭工业出版社,1984.

[26] SHEPHERD J,BLACKWOOD R L,RIXON L K.Instantaneous outbursts of coal and gas with reference to geological structures and lateral stresses in col-

lieries[J].International journal of rock mechanics and mining sciences and geomechanics abstracts,1985,22(6):192.

[27] JOSIEN J P,PIGUET J P,REVALOR R.Contribution of rock mechanics to the understanding of dynamic phenomena in mines[C]//International Conference on Rock Mechanics,Montreal,1987:999-1004.

[28] CREEDY D P.Geological controls on the formation and distribution of gas in British coal measure strata[J]. International journal of coal geology, 1988,10(1):1-31.

[29] LAMA R D,BODZIONY J.Management of outburst in underground coal mines[J].International journal of coal geology,1998,35(1):83-115.

[30] BIBLER C J,MARSHALL J S,PILCHER R C.Status of worldwide coal mine methane emissions and use[J].International journal of coal geology, 1998,35(1-4):283-310.

[31] FRODSHAM K,GAYER R A.The impact of tectonic deformation upon coal seams in the South Wales coalfield,UK[J].International journal of coal geology,1999,38(3-4):297-332.

[32] 周世宁,林柏泉.煤层瓦斯赋存与流动理论[M].北京:煤炭工业出版社,1999.

[33] 焦作矿业学院瓦斯地质研究室.瓦斯地质概论[M].北京:煤炭工业出版社,1990.

[34] 中国矿业学院瓦斯组.煤和瓦斯突出的防治[M].北京:煤炭工业出版社,1979.

[35] 彭立世.瓦斯地质研究的现状及展望[J].煤炭科学技术,1995,23(5):47.

[36] 孔留安."瓦斯地质"探源[J].河南理工大学学报(自然科学版),2006,25(3):179-182.

[37] 袁崇孚.我国瓦斯地质的发展与应用[J].煤炭学报,1997,22(6):8-12.

[38] 杨力生.谈谈瓦斯地质研究成果和今后发展方向[C]//瓦斯地质会议论文集.北京:煤炭工业出版社,1995:1-7.

[39] 曹运兴,彭立世,侯泉林.顺煤层断层的基本特征及其地质意义[J].地质论评,1993,39(6):522-528.

[40] 曹运兴,彭立世.顺煤断层的基本类型及其对瓦斯突出带的控制作用[J].煤炭学报,1995,20(4):413-417.

[41] 康继武,杨文朝.瓦斯突出煤层中构造群落的宏观特征研究:论平顶山东矿区戊$_{9-10}$煤层的构造重建[J].应用基础与工程科学学报,1995,3(1):45-51.

[42] 曹运兴,张玉贵,李凯琦,等.构造煤的动力变质作用及其演化规律[J].煤田地质与勘探,1996,24(4):15-18.

[43] 姜波,秦勇.变形煤的结构演化机理及其地质意义[M].徐州:中国矿业大学出版社,1998.

[44] ZHANG Y G,CAO Y X,XIE H B,et al.Orphologicaland structural features of tectonic coal[C]// LI B Q,LIU Z Y.Prospects for Coal Science in the 21st Century.Taiyuan:Shanxi Science and Technology Press,1999.

[45] 涂庆毅.构造煤表观物理结构及煤与瓦斯突出层裂发展机制研究[D].徐州:中国矿业大学,2019.

[46] ZHANG Y G,LI F,LU H Q,et al.Effect of macerals and their structures on roness spontaneous combustion[C]//Proceedings of the Second International Symposium on Safety Science and Technology,Beijing,2000:5.

[47] 刘明举,龙威成,刘彦伟.构造煤对突出的控制作用及其临界值的探讨[J].煤矿安全,2006,37(10):45-46.

[48] 张玉贵,张子敏,曹运兴.构造煤结构与瓦斯突出[J].煤炭学报,2007,32(3):281-284.

[49] 邵强,王恩营,王红卫,等.构造煤分布规律对煤与瓦斯突出的控制[J].煤炭学报,2010,35(2):250-254.

[50] 侯泉林,李会军,范俊佳,等.构造煤结构与煤层气赋存研究进展[J].中国科学:地球科学,2012,42(10):1487-1495.

[51] 高魁,刘泽功,刘健,等.构造软煤的物理力学特性及其对煤与瓦斯突出的影响[J].中国安全科学学报,2013,23(2):129-133.

[52] 张子敏,林又玲,吕绍林.中国煤层瓦斯分布特征[M].北京:煤炭工业出版社,1998.

[53] 张子敏,高建良,张瑞林,等.关于中国煤层瓦斯区域分布的几点认识[J].地质科技情报,1999,18(4):67-70.

[54] 张子敏,林又玲,吕绍林,等.中国不同地质时代煤层瓦斯区域分布特征[J].地学前缘,1999,6(S1):245-250.

[55] 刘咸卫,曹运兴,刘瑞,等.正断层两盘的瓦斯突出分布特征及其地质成因浅析[J].煤炭学报,2000,25(6):571-575.

[56] 琚宜文,王桂梁.煤层流变及其与煤矿瓦斯突出的关系:以淮北海孜煤矿为例[J].地质论评,2002,48(1):96-105.

[57] 琚宜文,侯泉林,姜波,等.淮北海孜煤矿断层与层间滑动构造组合型式及其形成机制[J].地质科学,2006,41(1):35-43.

[58] 王生全,李树刚,王贵荣,等.韩城矿区煤与瓦斯突出主控因素及突出区预测[J].煤田地质与勘探,2006,34(3):36-39.

[59] 韩军,张宏伟,霍丙杰.向斜构造煤与瓦斯突出机理探讨[J].煤炭学报,2008,33(8):908-913.

[60] 韩军,张宏伟,宋卫华,等.构造凹地煤与瓦斯突出发生机制及其危险性评估[J].煤炭学报,2011,36(S1):108-113.

[61] 乔国栋,高魁.淮南煤田逆冲推覆构造对煤与瓦斯突出的影响分析[J].矿业安全与环保,2020,47(2):109-113.

[62] 张子敏,张玉贵,卫修君.编制煤矿三级瓦斯地质图[M].北京:煤炭工业出版社,2007.

[63] 张子敏,张玉贵.三级瓦斯地质图与瓦斯治理[J].煤炭学报,2005,30(4):455-458.

[64] 张子敏,吴吟.中国煤矿瓦斯赋存构造逐级控制规律与分区划分[J].地学前缘,2013,20(2):237-245.

[65] 王文铭.电子计算机在采矿工业中的应用[J].本钢技术,1995(5):46-49.

[66] WATSON W D,RUPPERT L F,BRAGG L J,et al.A geostatistical approach to predicting sulfur content in the Pittsburgh coal bed[J].International journal of coal geology,2001,48(1-2):1-22.

[67] HWANG C K,CHA J M,KIM K W,et al.Application of multivariate statistical analysis and a geographic information system to trace element contamination in the Chungnam Coal Mine area,Korea[J].Applied geochemistry,2001,16(11-12):1455-1464.

[68] DOWD P A,LI S.Knowledge- and geographical information-based system for noise impact assessment of surface mining and quarrying projects[J].Mining technology,2000,109(1):1-13.

[69] 卢卡克斯,祝玉学,张绪珍.加拿大采矿工业信息管理的必要性[J].国外金属矿山,2002(1):14-20.

[70] SCOBLE M J.Hydraulic backfill design to optimise support and cost effectiveness[J].International journal of rock mechanics and mining sciences and geomechanics abstracts,1986(1):75-85.

[71] KNIGHTS P F,DANESHMEND L K.Open systems standards for computing in the mining industry[J].CIM bulletin,2000,93(1042):89-92.

[72] KEBEDE G,RORISSA A.A model of information needs of end-users (MINE) in the electronic information environment[J].Proceedings of the

ASIST annual meeting,2008,45(1):1-3.

[73] LIPSETT M G.Oil sands extraction research needs and opportunities[J]. Canadian journal of chemical engineering,2010(1):321-334.

[74] INOSTROZA P,PEZO AC,NIETO A.SOMI:towards a standard representation of mining objects [J].IFAC proceedings volumes,2009,42(23): 303-307.

[75] 僧德文,李仲学.地矿工程三维可视化仿真系统设计及实现[J].中国学术期刊文摘,2009(2):69.

[76] HOULDING S.The use of solid modeling in the underground mine design [J].Computer application in the mineral industry,1998(1):25-29.

[77] PEARSON M L.Computer graphics-more than a drafting machine[J]. Mining industry,1987(1):125-136.

[78] 李晓静.基于 Surpac 软件的煤矿资源可视化储量的计算[J].煤炭技术, 2013,32(11):165-167.

[79] 王凤良,郭春洁.CAD 技术在煤矿地质工作中的应用[J].煤炭技术,2013, 32(6):126-127.

[80] 李锋.矿井通风安全信息可视化系统研究[D].青岛:山东科技大学,2005.

[81] 侯刚.煤矿无人机智能系统设计与实现[J].煤炭工程,2021,53(2):19-23.

[82] 毛瑞军,樊会明,陈玉华.龙软 GIS 在瓦斯抽采系统图绘制中的应用与探讨 [J].煤炭与化工,2018,41(3):90-94.

[83] 李晓华,周炳秋,韩真理,等.基于 GIS 的瓦斯涌出动态预测可视化系统[J]. 煤矿安全,2016,47(4):99-102.

[84] 崔凤禄,何晓群.全矿井综合自动化平台的研究[J].工矿自动化,2005(S1): 9-11.

[85] 于聪.我国矿山信息化建设现状与对策研究[J].冶金管理,2020(23): 121-122.

[86] 芦东平,潘一山.矿山微震监测结果可视化[J].辽宁工程技术大学学报(自然科学版),2008,27(S1):107-109.

[87] 于泳.瓦斯地质图例自动绘制系统的研发及应用[J].山东煤炭科技,2015 (3):96-98.

[88] ZHANG J,XIAO J.Architecture and application of integrated spatial information service platform for digital mine[J].Transactions of nonferrous metals society of China,2011,21:706-711.

[89] 臧朕.数字化矿山构建研究[J].科技经济导刊,2019,27(10):27-28.

[90] 巩炜,付天有,田建设,等.绿色智慧数字化矿山技术研究与应用[J].技术与市场,2019,26(10):22-24.

[91] 王方里,沈铭成.浅析数字化矿山建设意义及关键技术[J].中国金属通报,2020(7):65-66.

[92] 吴立新,殷作如,邓智毅,等.论 21 世纪的矿山:数字矿山[J].煤炭学报,2000,25(4):337-342.

[93] 吴立新.论数字矿山及其基本特征与关键技术[C]//第六届全国矿山测量学术讨论会论文集,2002:72-76.

[94] 吴立新,余接情,胡青松,等.数字矿山与智能感控的统一空间框架与精确时间同步问题[J].煤炭学报,2014,39(8):1584-1592.

[95] 吴立新,汪云甲,丁恩杰,等.三论数字矿山:借力物联网保障矿山安全与智能采矿[J].煤炭学报,2012,37(3):357-365.

[96] 王李管,曾庆田,贾明涛.数字矿山整体实施方案及其关键技术[J].采矿技术,2006,6(3):493-498.

[97] 王青,吴惠城,牛京考.数字矿山的功能内涵及系统构成[J].中国矿业,2004,13(1):8-11.

[98] 卢新明,尹红.数字矿山的定义、内涵与进展[J].煤炭科学技术,2010,38(1):48-52.

[99] 僧德文,李仲学,张顺堂,等.数字矿山系统框架与关键技术研究[J].金属矿山,2005(12):47-50.

[100] 王运敏."十五"金属矿山采矿技术进步与"十一五"发展方向[J].金属矿山,2007(12):1-9.

[101] 谭得健,徐希康,张申.浅谈自动化、信息化与数字矿山[J].煤炭科学技术,2006,34(1):23-27.

[102] 张申,丁恩杰,赵小虎,等.数字矿山及其两大基础平台建设[J].煤炭学报,2007,32(9):997-1001.

[103] 张申,丁恩杰,徐钊,等.物联网与感知矿山专题讲座之三:感知矿山物联网的特征与关键技术[J].工矿自动化,2010,36(12):117-121.

[104] 吴立新.中国数字矿山进展[J].地理信息世界,2008,15(5):6-13.

[105] 古德生.智能采矿 触摸矿业的未来[J].矿业装备,2014(1):24-26.

[106] 周强,许世范,孙继平.矿山数字神经系统研究[J].煤炭学报,2003,28(3):280-284.

[107] 2020 年的矿山技术发展展望[J].世界采矿快报,1999,15(5):23-27.

[108] 陈建宏,周科平,古德生.新世纪采矿 CAD 技术的发展:可视化、集成化和

智能化[J].科技导报,2004,22(7):32-34.

[109] 曹代勇,周云霞,魏迎春.矿井地质构造定量评价信息系统的开发及应用[J].煤炭学报,2002,27(4):379-382.

[110] 孙豁然,徐帅.论数字矿山[J].金属矿山,2007(2):1-5.

[111] 毛仲玉,徐拴祥,聂兆刚.GIS在煤矿中的应用及展望[J].东北煤炭技术,1999(6):66-68.

[112] 牛聚粉,程五一,王成彪.可视化煤矿安全生产地理信息系统[J].煤矿安全,2008(1):61-63.

[113] 牛聚粉.基于MapX的煤与瓦斯突出预警技术研究[D].北京:中国地质大学(北京),2009.

[114] 郝天轩,魏建平,郝富昌.基于MapObjects图形叠加分析在煤与瓦斯突出区域预测中的应用[C]//瓦斯地质与瓦斯防治进展论文集,2007:216-222.

[115] 邢存恩.煤矿采掘工程动态可视化管理理论与应用研究[D].太原:太原理工大学,2009.

[116] 熊书敏.地下矿生产可视化管控系统关键技术研究[D].长沙:中南大学,2012.

[117] 李一帆.数字矿山信息系统的研究及应用[D].武汉:中国科学院研究生院(武汉岩土力学研究所),2007.

[118] 柴艳莉.基于智能信息处理的煤与瓦斯突出的预警预测研究[D].徐州:中国矿业大学,2011.

[119] 彭泓.基于数据挖掘与信息融合的瓦斯灾害预测方法研究[D].北京:中国矿业大学(北京),2013.

[120] 毋丽华.煤矿安全预警系统的方法研究[D].哈尔滨:哈尔滨工程大学,2010.

[121] 北京龙软科技股份有限公司.产品介绍[EB/OL].[2020-02-16].http://www.longruan.com.

[122] 西安集灵信息技术有限公司.产品介绍[EB/OL].[2020-02-22].http://www.vrmine.com.

[123] 蓝谷软件有限公司.产品介绍[EB/OL].[2020-02-18].http://www.lgsoft.cn.

[124] 冯静雨,薛永安,葛永慧.煤矿数字成图与管理系统在使用中的若干技巧[J].山西煤炭,2005,25(2):48-49.

[125] 王涛.我国煤矿矿井监控系统的现状与发展[J].煤炭科学技术,2000,28

（9）：43-45.

[126] ZHENG L. ZigBee wireless sensor network in industrial applications [C]//2006 SICE-ICASE International Joint Conference. October 18-21, 2006. Busan Exhibition and Convention Center-BEXCO, Busan, Korea. IEEE, 2006：125-129.

[127] 宋冬冬.基于 FIS 的煤矿智能安检信息管理系统的研究[D].保定：河北农业大学，2008.

[128] 刘岩.基于无线传感器网络的矿井安全监测系统研究[D].成都：成都理工大学，2009.

[129] 胡敬东，连向东.我国煤炭科技发展现状及展望[J].煤炭科学技术，2005，33（1）：21-24.

[130] 于海斌，曾鹏，王忠锋，等.分布式无线传感器网络通信协议研究[J].通信学报，2004，25（10）：102-110.

[131] 邓丹枫.煤矿井下无线安全监测系统的数据压缩技术研究[D].北京：北京交通大学，2014.

[132] 董丁稳.基于安全监控系统实测数据的瓦斯浓度预测预警研究[D].西安：西安科技大学，2012.

[133] 赵正杰.基于无线传感网络的井下人员定位和瓦斯监测关键技术研究[D].太原：中北大学，2013.

[134] 刘祖德，梁开水.煤矿通风瓦斯信息管理系统的设计与实现[J].工矿自动化，2008，34（3）：94-95.

[135] 蒲阳，宁小亮.煤与瓦斯突出防治信息化管理系统构建[J].矿业安全与环保，2020，47（3）：45-48.

[136] 王晓路.煤矿瓦斯监测数据发展趋势的智能预测方法研究[D].西安：西安科技大学，2011.

[137] 崔小彦.基于 RBF 神经网络与蚁群算法的瓦斯预测模型研究[D].阜新：辽宁工程技术大学，2009.

[138] 蔡振禹，邵永华.采煤工作面瓦斯涌出量 LMD-BP 神经网络建模预测研究[J].煤炭工程，2014，46（1）：108-111.

[139] 付华，谢森，徐耀松，等.基于 MPSO-WLS-SVM 的矿井瓦斯涌出量预测模型研究[J].中国安全科学学报，2013，23（5）：56-61.

[140] 付华，舒丹丹，荆晓亮.基于 MPSO-RBF 的瓦斯涌出量预测研究[J].计算机测量与控制，2012，20（10）：2625-2627.

[141] 付华，姜伟，单欣欣.基于耦合算法的煤矿瓦斯涌出量预测模型研究[J].煤

炭学报,2012,37(4):654-658.

[142] 付华,谢森,徐耀松,等.基于 ACC-ENN 算法的煤矿瓦斯涌出量动态预测模型研究[J].煤炭学报,2014,39(7):1296-1301.

[143] 高莉,胡延军,于洪珍.基于 W-RBF 的瓦斯时间序列预测方法[J].煤炭学报,2008,33(1):67-70.

[144] GAO L,YU H Z.Prediction of gas emission based on information fusion and chaotic time series[J].Journal of China University of Mining and Technology,2006,16(1):94-96.

[145] 施式亮,何利文,宋译,等.基于混沌与神经网络耦合模型的回采工作面瓦斯涌出时序分析与预测[C]//中国职业安全健康协会 2008 年学术年会论文集,2008:136-140.

[146] 王其军,程久龙.基于免疫神经网络模型的瓦斯浓度智能预测[J].煤炭学报,2008,33(6):665-669.

[147] SHAO Y X,ZHANG D M.Mine forecast based on genetic annealing neural network[C]//2009 International Conference on Information Technology and Computer Science.July 25-26,2009.Kiev,Ukraine.IEEE,2009:32-36.

[148] 朱宇.构造性神经网络在瓦斯时间序列预测中的应用[D].太原:太原理工大学,2010.

[149] LIU S F,FORREST J.Advances in grey systems theory and its applications[C]//2007 IEEE International Conference on Grey Systems and Intelligent Services.November 18-20,2007.Nanjing,China.IEEE,2007:1-6.

[150] LI W,HAN Z H.Application of improved grey prediction model for power load forecasting [C]//2008 12th International Conference on Computer Supported Cooperative Work in Design.April 16-18,2008.Xi'an,China.IEEE,2008:1116-1121.

[151] LU M,WEVERS K.Forecasting and evaluation of traffic safety impacts:driving assistance systems against road infrastructure measures[J].IET intelligent transport systems,2007,1(2):117.

[152] 郭德勇,李念友,裴大文,等.煤与瓦斯突出预测灰色理论-神经网络方法[J].北京科技大学学报,2007,29(4):354-357.

[153] 吕品,马云歌,周心权.上隅角瓦斯浓度动态预测模型的研究及应用[J].煤炭学报,2006,31(4):461-465.

[154] QU Z M,LIANG X Y.Application of grey relation clustering and CGNN

in gas concentration prediction in top corner of coal mine[C]//2009 International Conference on Computational Intelligence and Natural Computing.June 6-7,2009.Wuhan,China.IEEE,2009:25-29.

[155] 段霄鹏.基于商空间的煤矿瓦斯数据挖掘研究[D].太原:太原理工大学,2010.

[156] 袁东升,王栋.台吉竖井瓦斯突出控制因素分析及突出区预测[J].河南理工大学学报(自然科学版),2011,30(1):6-10.

[157] 何俊,王云刚,陈新生,等.煤与瓦斯突出前瓦斯涌出动态混沌特性[J].辽宁工程技术大学学报(自然科学版),2010,29(4):529-532.

[158] 程健,白静宜,钱建生,等.基于混沌时间序列的煤矿瓦斯浓度短期预测[J].中国矿业大学学报,2008,37(2):231-235.

[159] 张剑英,程健,侯玉华,等.煤矿瓦斯浓度预测的 ANFIS 方法研究[J].中国矿业大学学报,2007,36(4):494-498.

[160] 黄文标,施式亮.基于改进 Lyapunov 指数的瓦斯涌出时间序列预测[J].煤炭学报,2009,34(12):1665-1668.

[161] 赵志刚.煤与瓦斯突出的耦合灾变机制及非线性分析[D].青岛:山东科技大学,2007.

[162] 赵志刚,谭云亮.基于混沌理论的煤与瓦斯突出前兆时序预测研究[J].岩土力学,2009,30(7):2186-2190.

[163] 吴杉,胡志勇.应用 ObjectARX 开发通用隧洞断面绘制软件[J].城市勘测,2008(2):111-114.

[164] 杨秋奎.基于 ObjectARX 和 Visual C++的硐室爆破 CAD 设计系统开发[D].昆明:昆明理工大学,2006.

[165] 王乾.基于 ObjectARX 自定义实体的地下管线前端数据采集系统设计[J].科技创新导报,2008,5(24):41.

[166] 顾宇飞,沈军.基于 AutoCAD 的协同设计框架的研究与实现[J].计算机工程与设计,2006,27(23):4402-4403.

[167] 韩亮.基于 AutoCAD 软件的智能建筑空间结构视觉设计[J].现代电子技术,2021,44(5):121-126.

[168] 朱日升,赵勇.融 CAD 二次开发于 Web 页的快速协同设计系统[J].计算机辅助设计与图形学学报,2005,17(11):190-194.

[169] 殷海晨,刁承亮.AutoCAD 在煤矿制图应用中初始环境设置的探索[J].煤炭技术,2021,40(1):151-152.

[170] 张子杰.SurvCADD 计算挖填方功能在土木工程的应用[J].科技经济市

场,2006(8):95.

[171] 闫江伟,张玉柱,王蔚.平顶山矿区瓦斯赋存的构造逐级控制特征[J].煤田地质与勘探,2015(2):18-23.

[172] 张国伟,张本仁,袁学诚,等.秦岭造山带与大陆动力学[M].北京:科学出版社,2001.

[173] 孙枢.断块构造理论及其应用[M].北京:科学出版社,1988.

[174] 谭学术,鲜学福,邱贤德.地质构造应力的分布与煤和瓦斯突出关系的光弹试验研究[J].力学与实践,1986,8(2):37-41.

[175] 康继武.褶皱构造控制煤层瓦斯的基本类型[J].煤田地质与勘探,1994,22(1):30-32.

[176] 王生全,龙荣生,孙传显.南桐煤矿扭褶构造的展布规律及对煤与瓦斯突出的控制[J].西安矿业学院学报,1994,14(4):350-354.

[177] 董国伟,胡千庭,王麒翔,等.隔档式褶皱演化及其对煤与瓦斯突出灾害的影响[J].中国矿业大学学报,2012,41(6):912-916.

[178] 程军,张丽红,吴国代,等.构造应力场与煤及瓦斯突出的关系[J].煤田地质与勘探,2012,40(4):1-4.

[179] 解振,孙矩正,张子敏,等.基于褶皱构造的突出主控因素研究[J].安全与环境学报,2013,13(5):202-206.

[180] 煤矿安全网.煤矿安全质量标准化标准及考核评级办法(试行)[EB/OL].[2021-01-03].http://www.mkaq.org/html/2012/01/01/114641.shtml.

[181] 杨燕景.基于 MapGIS 的江西省国土资源"一张图"建设的技术研究[D].抚州:东华理工大学,2013.

[182] 顾炳中,申世亮."欧盟空间信息基础设施"及对国土资源"一张图"建设的启示[J].国土资源信息化,2011(1):3-6.

[183] 中国自然资源报.安徽实现工程建设项目审批"一张图"管理[EB/OL].[2021-02-27].https://m.thepaper.cn/baijiahao_11458707.

[184] 俞义.关于推进城镇和农村建设用地"增减挂钩"的几点建议[J].浙江国土资源,2010(8):41-43.

[185] 徐旭辉,杨武亮,江兴歌,等.地理信息系统在无锡矿产资源管理信息中的应用[J].江苏地质,2000,24(2):114-119.

[186] 白万成,臧忠淑.基于 ArcView GIS 的矿床定位预测系统简介[J].地质与勘探,2004,40(3):52-54.

[187] 陈练武,陈开圣.基于 MapGIS 的矿产资源管理系统[J].西部探矿工程,2003,15(7):189-190.

[188] 杨文森,陆世东,张玲."一张图管矿"的数据组织与分类[J].地理空间信息,2012,10(1):64-66.

[189] 谭德军,刘东,胡波,等.重庆市矿产资源储量动态监督管理平台建设[J].地理信息世界,2014,21(3):64-68.

[190] 李红玲,肖金榜.煤矿"一张图"概念及其体系结构研究[J].测绘与空间地理信息,2014,37(8):168-171.

[191] 刘桥喜,符海芳.煤矿地理空间信息共享与协作模型[J].煤炭学报,2008,33(2):179-183.

[192] 周勇.土地信息系统理论方法实践[M].北京:化学工业出版社,2005.

[193] 国家安全生产监督管理总局.煤矿矿井瓦斯地质图编制方法:AQ/T 1086—2011[S].北京:煤炭工业出版社,2011.

[194] 曾勇,吴财芳.矿井瓦斯涌出量预测的模糊分形神经网络研究[J].煤炭科学技术,2004,32(2):62-65.

[195] 刘超儒,马云东.矿井延深瓦斯涌出量的灰色预测[J].矿业安全与环保,2005,32(3):1-2.

[196] 施式亮,伍爱友.GM(1,1)模型与线性回归组合方法在矿井瓦斯涌出量预测中的应用[J].煤炭学报,2008,33(4):415-418.

[197] 刘新喜,王勇,赵云胜.回采工作面瓦斯涌出特征及其灰色预测模型[J].中国安全科学学报,2001,11(1):11-16.

[198] 伍爱友,田云丽,宋译,等.灰色系统理论在矿井瓦斯涌出量预测中的应用[J].煤炭学报,2005,30(5):589-592.

[199] 肖鹏,李树刚,宋莹,等.瓦斯涌出量的灰色建模及其预测[J].采矿与安全工程学报,2009,26(3):318-321.

[200] BREIMAN L. Statistics: with a view towards applications [M]. New York: Houghton Mifflin Harcourt,1973.

[201] CRAMÉR H. Mathematical methods of statistics [M]. Princeton: Princeton University Press,1946.

[202] 邓聚龙.灰预测与灰决策[M].修订版.武汉:华中科技大学出版社,2002.